"十三五"普通高等教育本科规划教材

概率论与数理统计学习指导

主　编　张　倩　余　俊　朱金艳
主　审　王升瑞

内 容 提 要

本书是“十三五”普通高等教育本科规划教材《概率论与数理统计》(第2版,李媛主编)配套的同步辅导及习题全解.

本书共8章,分别介绍了随机事件及其概率,随机变量及其概率分布,二维随机变量,随机变量的数字特征,大数定律与中心极限定理,样本及其分布,参数估计,假设检验.本书按教材内容编排全书结构,各章包含内容概要问答,基本要求及重难点提示,对教材中的习题做了详细解答,并梳理了各知识点之间的脉络联系,有针对性地选取了同步练习题及其解答,内容详尽,简明易懂.

本书可作为普通高等院校工学、经济和管理专业学习“概率论与数理统计”课程的参考书,也可供学生作为考研复习使用.

图书在版编目(CIP)数据

概率论与数理统计学习指导 / 张倩,余俊,朱金艳主编. -- 上海:同济大学出版社,2020.6

ISBN 978-7-5608-8467-7

Ⅰ.①概… Ⅱ.①张… ②余… ③朱… Ⅲ.①概率论 ②数理统计 Ⅳ.①O21

中国版本图书馆 CIP 数据核字(2020)第 134474 号

“十三五”普通高等教育本科规划教材

概率论与数理统计学习指导

主 编 张 倩 余 俊 朱金艳 **主 审** 王升瑞

责任编辑 陈佳蔚 **责任校对** 徐逢乔 **封面设计** 潘向蓁

出版发行 同济大学出版社 www.tongjipress.com.cn

(地址:上海市四平路1239号 邮编:200092 电话:021-65985622)

经 销 全国各地新华书店

印 刷 常熟市大宏印刷有限公司

开 本 710 mm×960 mm 1/16

印 张 10.25

印 数 1—2100

字 数 205 000

版 次 2020年6月第1版 2020年6月第1次印刷

书 号 ISBN 978-7-5608-8467-7

定 价 28.00元

前 言

本书是“十三五”普通高等教育本科规划教材《概率论与数理统计》(第2版,李媛主编)配套的同步辅导及习题全解.书中融入了编者多年教学实践的经验体会,具有较强的针对性、启发性、指导性和补充性,使读者在各章学习过程中目标明确,有的放矢.本书的目的在于解惑答疑,帮助初学者尽快理解“概率论与数理统计”课程的基础理论及内容,掌握其思维方式和解题技巧.每章包含以下4个部分:

1. 内容概要问答 用提问的形式简练准确、科学规范地总结各章的基本概念、重要定理、主要内容及公式,做到既能把握基础性问题,又能融会贯通,便于读者学习时提纲挈领地掌握课程中的内容.

2. 基本要求及重点、难点提示 以教学大纲和主教材为依据,具体说明各章必须掌握的内容及应掌握的程度.

3. 习题详解 这是本书的重要内容,本课程的解题方法独特,而主教材中习题丰富,层次多样,覆盖面宽.初学者往往感觉习题难做,方法不易掌握.本书针对主教材中的习题给出详细的解答,思路清晰,逻辑性强,循序渐进地总结出易被读者理解和掌握的解题方法.

4. 同步练习题及其答案 本书为读者设计了一套含有填空、计算和证明(配有解答)等比较完整的题型作为同步练习题,方便读者检测自己掌握各章内容的情况,巩固和提高解答各类问题的能力.

本书第1,2章由张倩编写,第3,4,5章由朱金艳编写,第6,7,8章由余俊编写,全书由张倩修改并定稿,由王升瑞主审.本书在编写过程中,中国矿业大学的数学教师提出了许多宝贵意见和建议,在此谨向他们表示衷心的感谢.本书编写时,编者参考了大量的教材和资料,在此谨向这些教材和资料的作者表示衷心的感谢.

由于编者水平有限,书中若有不妥之处,恳请读者批评指正.

编 者

2020年6月

目　录

第1章　随机事件及其概率

本章内容是概率论的基础理论和理论依据，在后面几章中都有具体的表现，毫不夸张地说，学好本章是学好概率论的前提.

1.1　内容概要问答

1. 什么是随机现象、随机试验、样本空间、随机事件？

答　随机现象：在一定条件下可能发生也可能不发生的现象.

随机试验：在一定条件下对事物的某种特征的一次观察，其必须满足三个条件：

(1) 试验可以在相同情况下重复进行；

(2) 试验结果具有多样性，且事先知道试验的所有可能结果；

(3) 试验结果具有随机性.

样本空间：试验的所有可能结果所组成的集合，记为Ω或S.

随机事件：试验样本空间的子集. 其包含基本事件、复合事件、必然事件和不可能事件.

基本事件：试验中这些结果至多有一个发生（具有互不相容性）；这些结果至少有一个发生（具有完备性）.

复合事件：若干个基本事件组合而成的事件.

必然事件：试验中一定会发生的结果.

不可能事件：试验中一定不会发生的结果.

2. 什么是事件的包含与事件的相等？

答　事件的包含：事件A发生必然导致事件B发生，则称事件B包含事件A，记为$A \subset B$或$B \supset A$.

事件的相等：若$A \subset B$且$B \subset A$，则称$A = B$.

3. 写出事件的运算公式.

答　事件的和：事件A与事件B至少有一个发生的事件，记为$A \cup B$或$A+B$；若事件$A_1, A_2, \cdots, A_n$中至少有一个发生的事件，记为$A_1 \cup A_2 \cup \cdots \cup A_n$或$A_1 + A_2 + \cdots + A_n$.

事件的积：事件 A 与事件 B 同时都发生的事件，记为 $A \cap B$；若事件 A_1，A_2，…，A_n 同时都发生的事件，记为 $A_1 \cap A_2 \cap \cdots \cap A_n$ 或 $A_1A_2\cdots A_n$.

事件的差：事件 A 发生而事件 B 不发生的事件，记为 $A-B$ 或 $A-AB$.

4. 说明互不相容事件、对立事件与完备事件组的意义.

答　互不相容事件：事件 A 与事件 B 不能同时发生，即 $A \cap B = \varnothing$.

对立事件：事件 A 与事件 B 至少且仅有一个发生，即 $A \cap B = \varnothing$，$A \cup B = S$.

完备事件组：$A_1 \cup A_2 \cup \cdots \cup A_n = S$ 且 $A_iA_j = \varnothing$，$i, j = 1, 2, \cdots, n$，则 $A_1, A_2, \cdots, A_n$ 为完备事件组.

5. 事件运算中对偶律(德·摩根律)是什么？

答　德·摩根律是 $\overline{A \cup B} = \bar{A} \cap \bar{B}$，$\overline{A \cap B} = \bar{A} \cup \bar{B}$.

6. 频率与概率的区别是什么？概率的基本性质是什么？

答　频率：事件 A 在 n 次重复试验中发生 n_A 次，则 $f_n(A) = \dfrac{n_A}{n}$ 为事件 A 在 n 次试验中出现的频率.

概率：事件 A 发生的可能性大小的数值度量，其为频率 $f_n(A) = \dfrac{n_A}{n}$ 的稳定值 p，记为 $P(A) = p$.

概率的基本性质：(1) $0 \leqslant P(A) \leqslant 1$；(2) $P(S) = 1$；$P(\varnothing) = 0$；(3) 若 A_1，A_2，…，A_n 为互不相容事件，则

$$P(A_1 \cup A_2 \cup \cdots \cup A_n) = P(A_1) + P(A_2) + \cdots + P(A_n).$$

7. 写出概率的计算公式.

答　(1) 加法公式：$P(A \cup B) = P(A) + P(B) - P(AB)$.

(2) 事件 A 与逆事件 $\bar{A}$ 满足 $P(A) + P(\bar{A}) = 1$.

(3) 减法公式：设随机事件 A，B，则 $P(A-B) = P(A) - P(AB)$.

特别地，当 $A \supset B$ 时，则 $P(A-B) = P(A) - P(B)$.

8. 古典概型是什么样的随机试验？

答　随机试验 E 为古典概型，其满足：

(1) E 的样本空间只有有限 n 个基本事件；

(2) 每个基本事件在一次试验中发生的可能性相等.

9. 写出古典概型及计算公式.

答　设随机试验 E 的样本空间中包含有限个等可能的样本点，称此试验为古

典概型.

设古典概型 E，样本空间为 $\Omega=\{\omega_1, \omega_2, \cdots, \omega_n\}$，随机事件 A 发生的概率为

$$P(A)=\frac{k}{n}=\frac{\text{事件 } A \text{ 含基本事件数}}{\Omega \text{ 中含基本事件数}}.$$

10. 条件概率与乘法公式的关系是什么?

答　两个事件 A 与 B，且 $P(A)>0$，则称 A 发生的条件下 B 发生的概率为 A 发生条件下 B 发生的条件概率，记为

$$P(B \mid A)=\frac{P(AB)}{P(A)}.$$

条件概率为事件 A, B 同时发生占事件 A 发生的比例，条件概率求解时可以通过缩小样本空间法来求解.

乘法公式：设随机事件 A, B，若 $P(A)>0$，则

$$P(AB)=P(A)P(B \mid A).$$

同理，若 $P(B)>0$，则

$$P(AB)=P(B)P(A \mid B).$$

推广：设随机事件 A, B, C，若 $P(AB)>0$，则

$$P(ABC)=P(A)P(B \mid A)P(C \mid AB).$$

11. 如何判断事件 A 与事件 B 是相互独立的?

答　若 $P(AB)=P(A)P(B)$，则称事件 A 与事件 B 是相互独立的，且 A 与 $\bar{B}$, $\bar{A}$ 与 $\bar{B}$, $\bar{A}$ 与 B 也是相互独立的.

若 $P(A)>0$，则 A, B 相互独立的充要条件为 $P(B \mid A)=P(B)$ 或 $P(B \mid A)=P(B \mid \bar{A})$.

设 $A_1, A_2, \cdots, A_n$ 为 n 个随机事件，若

$$\begin{cases} P(A_iA_j)=P(A_i)P(A_j), \\ P(A_iA_jA_k)=P(A_i)P(A_j)P(A_k), \\ \quad \vdots \qquad\qquad \vdots \\ P(A_1A_2\cdots A_n)=P(A_1)P(A_2)\cdots P(A_n), \end{cases}$$

则称 $A_1, A_2, \cdots, A_n$ 相互独立，则

$$P(A_1 \cup A_2 \cup \cdots \cup A_n) = 1 - P(\bar{A}_1)P(\bar{A}_2)\cdots P(\bar{A}_n).$$

12. 写出伯努利概型与二项概率公式.

答 伯努利概型：在确定条件下进行 n 次重复独立试验，每次试验只有两个相互对立的结果 A 与 $\bar{A}$.

二项概率公式：在 n 重伯努利试验中，若 $P(A)=p$，事件 A 发生 k 次的概率为 $P(A$ 正好发生 k 次$) = C_n^k p^k (1-p)^{n-k}$.

13. 写出全概公式与逆概公式.

答 全概公式：若 $B_1, B_2, \cdots, B_n$ 为完备事件组，且 $P(B_k)>0$，$k=1, 2, \cdots, n$，则对任一事件 A 有 $P(A)=\sum_{k=1}^{n} P(B_k)P(A \mid B_k)$.

逆概公式：

$$P(B_k \mid A) = \frac{P(B_k)P(A \mid B_k)}{\sum_{i=1}^{n} P(B_i)P(A \mid B_i)}, \quad k=1, 2, \cdots, n.$$

14. 什么样的问题可以应用全概公式与逆概公式？

答 对于一些复杂的事件，有时不容易求它的概率，利用全概公式把它转化为一组事件 $B_1, B_2, \cdots, B_n$ 和事件 A 就容易求了，把完备事件组 $B_1, B_2, \cdots, B_n$ 看作导致事件 A 发生的一个原因，而这些原因的概率是已知或可求的，这样对于复杂事件 A 的概率就容易求了. 在逆概公式中，$B_1, B_2, \cdots, B_n$ 是导致事件 A 发生的原因，$P(B_k)$，$k=1, 2, \cdots, n$ 是各种原因发生的概率. 解决求事件 A 已经发生条件下 B_k 发生的条件概率.

1.2 基本要求及重点、难点提示

“随机事件”与“概率”是概率论中两个最基本的概念，“独立性”与“条件概率”是概率论中特有的概念，条件概率在不具有独立性的场合扮演着重要角色，条件概率也是一种概率. 正确理解并会应用这四个概念是学好概率论的基础. 本章的基本要求：

(1) 理解三个基本概念：随机试验、样本空间、随机事件(基本事件、复合事件、必然事件和不可能事件).

(2) 掌握事件的四种关系(包含、等价、对立、互不相容)、三种运算(和、积、差)及四大运算法则(交换律、结合律、分配律、对偶律)，理解完备事件组概念，学会事件的表示,如“至少”“至多”“恰有”等.

(3) 了解事件频率的概念,了解随机现象的统计规律性.

(4) 理解概率、条件概率的概念,掌握概率的基本性质,会计算古典型概率和几何型概率.

(5) 掌握概率五大公式:加法公式、减法公式、乘法公式、全概率公式,以及逆概公式,应用概率公式计算时同时注重事件间的运算性质和运算律.

(6) 理解事件独立性的概念,掌握用事件独立性简化概率计算,理解独立重复试验的概念,掌握计算有关事件概率的方法.

(7) 了解伯努利概型的概念,能将实际问题归结为伯努利概型后,用伯努利定理计算有关事件的概率.

本章重点　事件的关系与运算;概率的计算.本章主要有两种计算方法:一是概型法,即古典概型、几何概型与伯努利概型中用公式直接计算事件的概率;二是应用概率的性质与五个基本公式结合事件的等价表示间接计算事件的概率.

本章难点　古典概型的计算;全概率公式与贝叶斯公式的正确应用.

1.3　习题详解

1. 下列随机试验各包含几个基本事件?

(1) 将有记号 a, b 的两只球随机放入编号为1, 2, 3的三个盒子里(每个盒子可容纳两只球);

(2) 观察3粒不同种子的发芽情况;

(3) 从5人中任选2名参加某项活动;

(4) 某人参加1次考试,观察其得分(按百分制记分)情况;

(5) 将 a, b, c 3只球装入3个盒子中,使每个盒子各装1只球.

解　(1) 用乘法原理,3个盒子编号为1, 2, 3看作不动物.两只球看作是可动物,一个一个地放入盒中. a 球可放入任意一个盒子,放法有 $C_3^1=3$ 种; b 球也可放入任意一个盒子,放法有 $C_3^1=3$ 种.由乘法原理知,共有 $n=C_3^1\times C_3^1=9$ 种方法.

(2) 用乘法原理,3粒种子,每粒种子按发芽与否有两种不同情况(方法).3粒种子发芽共有 $n=C_2^1\times C_2^1\times C_2^1=8$ 种不同情况.

(3) 从5人中任选2名参加某项活动,可不考虑任选的两人的次序,所以此试验的基本事件有 $n=C_5^2=10$ 个.

(4) 此随机试验是把从 0～100 任一得分看作一个基本事件，所以 $n=101$ 种.

(5) 可用乘法原理：3 个盒子视为不动物，可编号Ⅰ，Ⅱ，Ⅲ，3 只球可视为可动物，一只一只放入盒子内(按要求). a 球可放入 3 个盒子中任意一个，放法有 $C_3^1=3$ 种；b 球因为试验要求每个盒子只装一只球，所以 a 球放入的盒子不能再放入 b 球，b 球只能放入其余(无 a 球的盒子)两个盒子中任意一个，放法有 $C_2^1=2$ 种；c 球只能放入剩下的空盒中，放法只有一种. 3 只球任放入 3 个盒子中，保证每个盒子只有 1 只球的放法有 $n=C_3^1\times C_2^1\times 1=6$ 种.

2. 事件 A 表示"5 件产品中至少有 1 件废品"，事件 B 表示"5 件产品都是合格品"，则 $A\cup B$, AB 各表示什么事件？A, B 之间有什么关系？

解 设 $A_k=$"5 件中有 k 件是不合格品"，$B=$"5 件都是合格品". 此随机试验 E 的样本空间可以写成

$$S=\{A_1, A_2, A_3, A_4, A_5, B\},$$

而 $A=A_1\cup A_2\cup A_3\cup A_4\cup A_5$，所以 $A\cup B=S$, $AB=\varnothing$, A 与 B 是互为对立事件.

3. 随机抽验 3 件产品，设 A 表示"3 件中至少有 1 件是废品"，B 表示"3 件中至少有 2 件是废品"，C 表示"3 件都是正品"，问：$\bar{A}$, $\bar{B}$, $\bar{C}$, $A\cup B$, AC 各表示什么事件？

解 $\bar{A}=$"三件都是正品"，$\bar{B}=$"三件中至多有一件废品"，$\bar{C}=$"三件中至少有一件废品"，$A\cup B=A$, $AC=\varnothing$.

4. 对飞机进行 2 次射击，每次射一弹，设 A_1 表示"第 1 次射击击中飞机"，A_2 表示"第 2 次射击击中飞机". 试用 A_1, A_2 及它们的对立事件表示下列各事件.

(1) $B=$"两弹都击中飞机"；(2) $C=$"两弹都没击中飞机"；(3) $D=$"恰有一弹击中飞机"；(4) $E=$"至少有一弹击中飞机".

并指出 B, C, D, E 中哪些是互不相容，哪些是对立的.

解 $B=A_1A_2$, $C=\overline{A_1}\,\overline{A_2}$, $D=A_1\overline{A_2}\cup\overline{A_1}A_2$, $E=A_1\cup A_2$, B 与 C, B 与 D, D 与 C, C 与 E 是互不相容的，C 与 E 是相互对立的.

5. 在某班任选一名学生. 记 $A=$"选出的是男生"，$B=$"选出的是运动员"，$C=$"选出的是北方人"，问：

(1) $A\bar{B}C$, $A\bar{B}\bar{C}$ 各表示什么事件？

(2) $C \subset B$, $A\bar{B} \subset \bar{C}$ 各表示什么意义？

(3) 在什么条件下，$ABC = A$？

解　(1) $A\bar{B}C$ =“选出的是北方的不是运动员的男生”；

$A\bar{B}\bar{C}$ =“选出的是南方的不是运动员的男生”.

(2) $C \subset B$ 表示“该班选出北方的学生一定是运动员”；

$A\bar{B} \subset \bar{C}$ 表示“选出的不是运动员的男生是南方的”.

(3) 当 $A \subset BC$ 时，$ABC = A$.

6. 设 A_1, A_2, A_3, A_4 是 4 个随机事件，试用这几个事件表示下列各事件.

(1) 这 4 个事件都发生；

(2) 这 4 个事件都不发生；

(3) 这 4 个事件至少有一个发生；

(4) A_1, A_2 都发生，A_3, A_4 都不发生；

(5) 这 4 个事件至多有一个发生；

(6) 这 4 个事件中恰有一个发生.

解　(1) $A_1A_2A_3A_4$；　(2) $\bar{A}_1\bar{A}_2\bar{A}_3\bar{A}_4$；　(3) $A_1 \cup A_2 \cup A_3 \cup A_4$；

(4) $A_1A_2\bar{A}_3\bar{A}_4$；　(5) $\bar{A}_2\bar{A}_3\bar{A}_4 \cup \bar{A}_1\bar{A}_3\bar{A}_4 \cup \bar{A}_1\bar{A}_2\bar{A}_4 \cup \bar{A}_1\bar{A}_2\bar{A}_3$；

(6) $A_1\bar{A}_2\bar{A}_3\bar{A}_4 \cup \bar{A}_1A_2\bar{A}_3\bar{A}_4 \cup \bar{A}_1\bar{A}_2A_3\bar{A}_4 \cup \bar{A}_1\bar{A}_2\bar{A}_3A_4$.

7. 从一副扑克牌(52 张，不含大小王)中任取 4 张，求取得 4 张花色都不相同的概率.

解　从 52 张牌中任取 4 张共有 C_{52}^4 种情况，每一种情况看作一个基本事件，所以此试验的样本空间中基本事件的个数 $n = C_{52}^4$. 设事件 A =“任取的 4 张花色都不相同”，事件 A 完成要从四种花色中各取一张，故 $k = 13^4$，$P(A) = \dfrac{k}{n} = \dfrac{13^4}{C_{52}^4} \approx 0.1055$.

8. 某房间里有 4 个人，设每个人出生于 1 至 12 月中每一个月是等可能的. 求至少有 1 人生日在 10 月的概率.

解 设事件 $A=$"至少有 1 人生日在 10 月"，$\bar{A}=$"4 个人生日都不在 10 月"，故

$$P(A)=1-P(\bar{A})=1-\left(\frac{11}{12}\right)^4\approx 1-0.7=0.3.$$

9. 袋中有 10 只形状相同的球，其中 4 只红球，6 只白球，现从袋中一个接一个地任取球抛掷出去，求第 3 次抛掷的是红球的概率.

解 此随机试验 E 为：从袋中每次任取一球，不放回地连取 3 次，相当于从 10 只球中任取 3 只排列在 3 个不同的位置上，其不同的排列数为 P_{10}^3，即其基本事件共有 $n=P_{10}^3$ 个. 设事件"第 3 次抛掷的是红球"所包含的基本事件个数 k 的求法如下：首先事件 A 表示第 3 次抛掷的是红球，即第 3 个位置应放红球，可从 4 只红球中任取一只放入，放法有 C_4^1 种；前两个位置任从剩下的 9 只球中取两只放在不同的位置，放法有 P_9^2 种. 由乘法原理可知 $k=C_4^1P_9^2$，所以

$$P(A)=\frac{k}{n}=\frac{C_4^1P_9^2}{P_{10}^3}=\frac{2}{5}.$$

10. 将一枚硬币连续投掷 10 次，求至少有一次出现正面的概率.

解 设事件 $A=$"至少出现 1 次正面"，$\bar{A}=$"全不出现正面".

若一枚硬币连续抛掷 10 次，每次有正、反两种情况，所以随机试验 E 的基本事件个数 $n=2^{10}$，$\bar{A}$ 所包含的基本事件个数 $k=1$，则

$$P(A)=1-P(\bar{A})=1-\frac{k}{n}=1-\frac{1}{2^{10}}\approx 0.999.$$

11. 盒中有 10 只乒乓球，其中 6 只新球，4 只旧球. 今从盒中任取 5 只，求正好取得 3 只新球 2 只旧球的概率.

解 从盒中 10 只球任取 5 只的取法有 C_{10}^5 种，所以 $n=C_{10}^5$.

设事件 $A=$"正好取得 3 只新球 2 只旧球". 由乘法原理得 $k=C_6^3C_4^2$，所以

$$P(A)=\frac{k}{n}=\frac{C_6^3C_4^2}{C_{10}^5}=\frac{10}{21}=0.476.$$

12. 在 10 件产品中，有 6 件正品，4 件次品，甲从 10 件中任取一件（不放回）

后，乙再从中任取一件. 记 $A=$“甲取得正品”，$B=$“乙取得正品”，求 $P(A)$，$P(B\mid A)$，$P(B\mid \bar{A})$.

解 求 $P(A)$ 的问题是甲从10件产品中任取1件，其方法有10种，事件 A 是甲从6件正品中取得1件，所以 $P(A)=\frac{6}{10}=\frac{3}{5}$.

求 $P(B\mid A)$ 问题是在甲取得一件正品的条件下不放回，求乙再任取一件是正品的概率，此时基本事件个数有 $n=C_9^1=9$ 个，正品数是5件，所以 $P(B\mid A)=\frac{5}{9}$. 同理，$P(B\mid \bar{A})=\frac{6}{9}=\frac{2}{3}$.

13. 两条小河被工厂废水污染，第一条小河被污染的概率为 $\frac{2}{5}$，第二条小河被污染的概率为 $\frac{3}{4}$，至少有一条小河被污染的概率为 $\frac{4}{5}$，求在第一条小河被污染的条件下第二条小河也被污染的概率.

解 设事件 $A=$“第一条小河被污染”，$B=$“第二条小河被污染”，则

$$P(A)=\frac{2}{5},\quad P(B)=\frac{3}{4},\quad P(A\cup B)=\frac{4}{5},$$

$$P(A\cup B)=P(A)+P(B)-P(AB),$$

$$\frac{4}{5}=\frac{2}{5}+\frac{3}{4}-P(AB),\quad P(AB)=\frac{7}{20},$$

$$P(B\mid A)=\frac{P(AB)}{P(A)}=\frac{\frac{7}{20}}{\frac{2}{5}}=\frac{7}{8}.$$

14. 甲袋中有3只白球，7只红球，15只黑球；乙袋中有10只白球，6只红球，9只黑球. 今从两袋中各取一只球，求下列事件的概率.

(1) 事件 $A=$“取得2只红球”；

(2) 事件 $B=$“取得的两只球颜色相同”.

解 (1)基本事件总数为

$$n=C_{25}^1C_{25}^1=625.$$

由乘法原理知，事件 A 包含的基本事件个数为

$$k = C_7^1 C_6^1 = 7 \times 6 = 42.$$

所以 $P(A) = \frac{k}{n} = \frac{42}{625}$.

(2) 用事件 A_1, A_2, A_3 分别表示从甲袋取得白球、红球、黑球；用事件 B_1, B_2, B_3 分别表示从乙袋取得白球、红球、黑球.

因为 $B = A_1B_1 + A_2B_2 + A_3B_3$，$A_k$ 与 $B_k(k = 1, 2, 3)$ 相互独立，且 A_1B_1, A_2B_2, A_3B_3 三种情况互不相容，则

$$\begin{aligned} P(B) &= P(A_1B_1) + P(A_2B_2) + P(A_3B_3) \\ &= P(A_1)P(B_1) + P(A_2)P(B_2) + P(A_3)P(B_3) \\ &= \frac{3}{25} \times \frac{10}{25} + \frac{7}{25} \times \frac{6}{25} + \frac{15}{25} \times \frac{9}{25} = \frac{207}{625}. \end{aligned}$$

15. 制造某种零件可以采用两种不同的工艺：第一种工艺要经过三道工序，经过各道工序时，出现不合格品的概率分别为 0.1, 0.2, 0.3；第二种工艺只经过两道工序，但经过各道工序时，出现不合格品的概率均为 0.3. 如果采用第一种工艺，则在合格的零件中得到一级品的概率为 0.9；而采用第二种工艺，则在合格的零件中得到一级品的概率为 0.8. 试问采用何种工艺获得一级品的概率较大.（注：各道工序是否出现不合格品是相互独立的.）

解 设事件 A =“采用第一种工艺获得一级品”；B =“采用第二种工艺获得一级品”；第一种工艺经过三道工艺，第 k 道工序出合格品事件记为 $A_k(k = 1, 2, 3)$. 由题设知

$$P(A_1) = 1 - P(\overline{A}_1) = 1 - 0.1 = 0.9,$$

$$P(A_2) = 1 - P(\overline{A}_2) = 1 - 0.2 = 0.8,$$

$$P(A_3) = 1 - P(\overline{A}_3) = 1 - 0.3 = 0.7.$$

第二种工艺两道工序，第 k 道工序出现合格品的事件记为 $B_k(k = 1, 2)$.

由题设知

$$P(B_1) = 1 - P(\overline{B}_1) = 1 - 0.3 = 0.7 = P(B_2),$$

$$P(A) = P(A_1A_2A_3) \times 0.9 = P(A_1)P(A_2)P(A_3) \times 0.9$$

$$= 0.9 \times 0.8 \times 0.7 \times 0.9 \approx 0.45,$$

$$P(B) = P(B_1B_2) \times 0.8 = P(B_1)P(B_2) \times 0.8$$

$$= 0.7 \times 0.7 \times 0.8 \approx 0.39.$$

所以,采用第一种工艺获得一级品的概率较大.

16. 一箱产品共100件,其中有5件有缺陷,但外观难区别,今从中任取5件进行检验.按规定,若未发现有缺陷产品,则全箱判为一级品;若发现1件产品有缺陷,则全箱判为二级品;若发现2件及2件以上有缺陷,则全箱判为次品.试分别求该箱产品被判为一级品(记为A),二级品(记为B),次品(记为C)的概率.

解 随机试验E是100件产品中任取5件,其基本事件的个数为$n = C_{100}^5$.

事件A包含的基本事件个数为$n_A = C_{95}^5$,所以$P(A) = \frac{n_A}{n} = \frac{C_{95}^5}{C_{100}^5} \approx 0.76$.

事件B包含的基本事件个数为$n_B = C_5^1 C_{95}^4$,所以$P(B) = \frac{n_B}{n} \approx 0.22$.

$$P(C) = 1 - P(A \cup B) = 1 - P(A) - P(B) = 1 - 0.76 - 0.22 = 0.02.$$

17. 车间内有10台同型号的机床独立运转,已知1 h内每台机床出故障的概率为0.01,求1 h内正好有3台机床出故障的概率.

解 此问题是独立重复试验问题.设事件$A =$"10台机床中任3台出故障",则

$$P(A) = C_{10}^3 (0.01)^3 (0.99)^7 \approx 0.000\,1.$$

18. 据医院经验,有一种中草药对某种疾病的治疗效率为0.8.现有10人同时服用这种中草药治疗该种疾病,求至少对6人有疗效的概率.

解 设事件$A =$"至少对6人有疗效",则

$$P(A) = \sum_{k=6}^{10} C_{10}^k 0.8^k\, 0.2^{10-k} \approx 0.967.$$

19. 加工某产品需经过两道工序,如果经过每道工序合格的概率均为0.95,求至少有一道工序不合格的概率.

解 设事件$A =$"至少有一道工序不合格",$\bar{A} =$"两道工序后都合格",则

$$P(A) = 1 - P(\bar{A}) = 1 - 0.95^2 = 0.0975.$$

20. 已知 $P(A) = 0.2$, $P(B) = 0.45$, $P(AB) = 0.15$. 求

(1) $P(A\bar{B})$, $P(\bar{A}B)$, $P(\bar{A}\bar{B})$;

(2) $P(\bar{A} \cup B)$, $P(\bar{A} \cup \bar{B})$;

(3) $P(A \mid B)$, $P(B \mid A)$, $P(A \mid \bar{B})$.

解 (1) $P(A\bar{B}) = P(A - AB) = P(A) - P(AB) = 0.05$,

$$P(\bar{A}B) = P(B - AB) = P(B) - P(AB) = 0.3,$$

$$P(\bar{A}\bar{B}) = 1 - P(A \cup B) = 1 - 0.5 = 0.5.$$

(2) $P(\bar{A} \cup B) = P(\bar{A}) + P(AB) = 0.8 + 0.15 = 0.95$,

$P(\bar{A} \cup \bar{B}) = 1 - P(AB) = 1 - 0.15 = 0.85.$

(3) $P(A \mid B) = \dfrac{P(AB)}{P(B)} = \dfrac{0.15}{0.45} = \dfrac{1}{3}$,

$$P(B \mid A) = \frac{P(AB)}{P(A)} = \frac{0.15}{0.2} = \frac{3}{4},$$

$$P(A \mid \bar{B}) = \frac{P(A\bar{B})}{P(\bar{B})} = \frac{0.05}{0.55} = \frac{1}{11}.$$

21. 计算.

(1) 已知 $P(A) = 0.6$, $P(\bar{A}B) = 0.2$, $P(B) = 0.4$,求 $P(AB)$, $P(A - B)$.

(2) 已知 $P(\bar{A}) = 0.3$, $P(B) = 0.4$, $P(A\bar{B}) = 0.5$,求 $P(A \cup B)$.

(3) 已知事件 A, B 满足 $P(AB) = P(\bar{A}\bar{B})$, 且 $P(A) = 0.3$, 求 $P(B)$.

解 (1) 由 $P(\bar{A}B) = P(B) - P(AB)$, 得

$$0.4 - P(AB) = 0.2, \quad P(AB) = 0.2.$$

$$P(A - B) = P(A) - P(AB) = 0.6 - 0.2 = 0.4.$$

(2) $P(A) = 1 - P(\bar{A}) = 1 - 0.3 = 0.7$,

$P(AB) = P(A) - P(A\bar{B}) = 0.7 - 0.5 = 0.2$,

$P(A \cup B) = P(A) + P(B) - P(AB) = 0.9.$

(3) $P(AB)=P(\bar{A}\bar{B})=1-P(A\cup B)=1-P(A)-P(B)+P(AB)$，
解得 $P(B)=1-P(A)=1-0.3=0.7$.

22. 甲、乙两个学生参加同一门课程考试，已知甲、乙各获得80分以上的概率分别是$\frac{2}{3}$，$\frac{3}{5}$，求至少有一人获得80分以上的概率.

解 设事件A，B分别表示甲、乙取得80分以上的事件，则事件A，B相互独立.

由题意，$P(A)=\frac{2}{3}$，$P(B)=\frac{3}{5}$，所以

$$P(A\cup B)=1-P(\bar{A})P(\bar{B})=1-\frac{1}{3}\times\frac{2}{5}=\frac{13}{15}$$

或
$$P(A\cup B)=P(A)+P(B)-P(A)P(B)=\frac{13}{15}.$$

23. 设两两独立的三个事件A，B，C满足：$ABC=\varnothing$，$P(A)=P(B)=P(C)<\frac{1}{2}$，且已知$P(A\cup B\cup C)=\frac{9}{16}$，求$P(A)$.

解 由题已知条件，得

$$P(A\cup B\cup C)=3P(A)-3P^2(A)=\frac{9}{16},$$

整理得
$$P^2(A)-P(A)+\frac{3}{16}=0,$$

$$\left[P(A)-\frac{1}{4}\right]\left[P(A)-\frac{3}{4}\right]=0,\quad P(A)=\frac{1}{4}.$$

24. 从数1，2，3，4中任取一个数，记为X，再从1，2，…，X中任取一个数，记为Y，求$P(Y=2)$.

解 $P(X=k)=\frac{1}{4}$，$k=1, 2, 3, 4$.

$$\begin{aligned}P(Y=2)=&P(X=1)P(Y=2/X=1)+P(X=2)P(Y=2/X=2)+\\&P(X=3)P(Y=2/X=3)+P(X=4)P(Y=2/X=4)\\=&\frac{1}{4}\left(0+\frac{1}{2}+\frac{1}{3}+\frac{1}{4}\right)=\frac{13}{48}.\end{aligned}$$

25. 有外观相同的三极管 6 只，按流量放大系数分类，4 只属于甲类，2 只属于乙类. 不放回地抽取三极管 2 次，每次只抽 1 只. 求在第一次抽到的是甲类三极管的条件下，第二次又抽到甲类三极管的概率.

解 设事件 A_k ="第 k 次抽到的是甲类三极管"($k=1,2$)，则

$$P(A_1)=\frac{C_4^1}{C_6^1}=\frac{2}{3},\quad P(A_1A_2)=\frac{2}{3}\times\frac{3}{5}=\frac{2}{5}.$$

$$P(A_2\mid A_1)=\frac{P(A_1A_2)}{P(A_1)}=\frac{3}{5}.$$

26. 10 个零件中有 7 个正品，3 个次品，每次无放回地随机抽取一个来检验，求(1) 第三次才取到正品的概率；(2) 抽三次，至少有 1 个正品的概率.

解 设事件 A ="第三次才取到正品"，因为第三次才取到正品，前两次取得的是次品，所以

$$P(A)=\frac{3}{10}\times\frac{2}{9}\times\frac{7}{8}=\frac{7}{120}.$$

设事件 B ="抽三次至少有一个正品"，$\bar{B}$ ="抽三次全是次品"，则

$$P(B)=1-P(\bar{B})=1-\frac{3}{10}\times\frac{2}{9}\times\frac{1}{8}=\frac{119}{120}.$$

27. 一个工人看管 3 台机床，在 1 h 内机床不需要工人照管的概率：第一台为 0.9，第二台为 0.8，第三台为 0.7. 求在 1 h 内

(1) 3 台机床都不需要工人照管的概率；

(2) 3 台机床中最多有 1 台需要工人照管的概率.

解 设事件 A_k ="第 k 台机床不用照管"($k=1,2,3$).

(1) $P(A_1A_2A_3)=0.9\times0.8\times0.7=0.504$.

(2) 设事件 B ="三台中最多有一台需要照管"，每台机床都是相互独立的，则

$$\begin{aligned}P(B)&=P(A_1A_2A_3)+P(\bar{A}_1A_2A_3)+P(A_1\bar{A}_2A_3)+P(A_1A_2\bar{A}_3)\\&=0.504+0.1\times0.8\times0.7+0.9\times0.2\times0.7+0.9\times0.8\times0.3\\&=0.902.\end{aligned}$$

28. 如图所示两个电路，每个开关闭合的概率都是 p，诸开关闭合与否彼此独立，分别求两电路由 a 至 b 导通的概率.

(1)

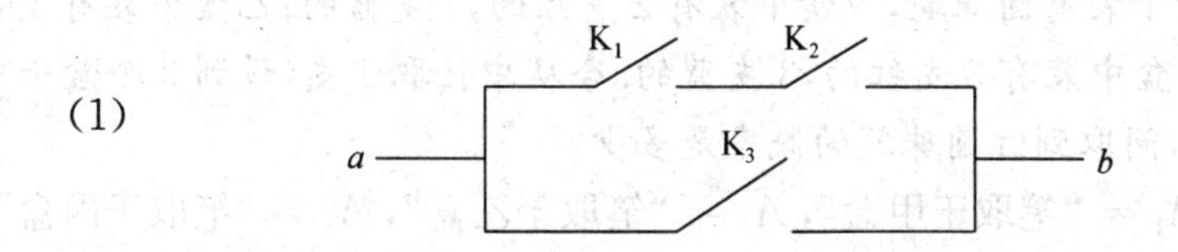

(2)

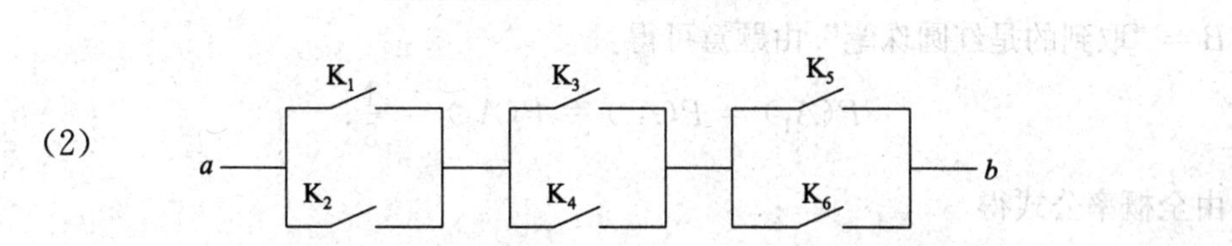

解 设事件 A_k = "第 k 个开关闭合"($k=1, 2, 3, 4, 5, 6$).

(1) a 至 b 导通 $= A_1A_2 \cup A_3$， 两事件 A_1A_2 与 A_3 是相容的.

$$\begin{aligned}P(a\text{ 至 }b\text{ 导通}) &= P(A_1A_2)+P(A_3)-P(A_1A_2A_3)\\ &= P(A_1)P(A_2)+P(A_3)-P(A_1)P(A_2)P(A_3)\\ &= P^2+P-P^3.\end{aligned}$$

(2) a 至 b 导通 $=(A_1\cup A_2)(A_3\cup A_4)(A_5\cup A_6)$，$A_i$ 与 A_j 是相容的，$(A_1\cup A_2)$，$(A_3\cup A_4)$，$(A_5\cup A_6)$ 是相互独立的，且概率相同.

$$\begin{aligned}P(a\text{ 至 }b\text{ 导通}) &= P[(A_1\cup A_2)(A_3\cup A_4)(A_5\cup A_6)]\\ &= [P(A_1\cup A_2)]^3 = [P(A_1)+P(A_2)-P(A_1A_2)]^3\\ &= [P(A_1)+P(A_2)-P(A_1)P(A_2)]^3\\ &= (p+p-p^2)^3 = (2p-p^2)^3.\end{aligned}$$

29. 大豆种子 $\frac{2}{5}$ 保存于甲仓库，其余保存于乙仓库，已知它们的发芽率分别为 0.92 和 0.89，现将两个仓库的种子全部混合，任取一粒，求其发芽的概率.

解 设事件 A_1 = "大豆种子保存于甲仓库"，A_2 = "大豆种子保存于乙仓库"，B = "取到的一粒种子发芽". 由题意可得

$$P(A_1)=\frac{2}{5},\quad P(A_2)=\frac{3}{5},\quad P(B\mid A_1)=0.92,\quad P(B\mid A_2)=0.89.$$

由全概率公式得

$$\begin{aligned}P(B) &= P(A_1)P(B\mid A_1)+P(A_2)P(B\mid A_2)=\frac{2}{5}\times 0.92+\frac{3}{5}\times 0.89\\ &\approx 0.902.\end{aligned}$$

30. 有 3 个盒子装有圆珠笔，甲盒中装有 2 支红的，4 支蓝的；乙盒中装有 4 支红的，2 支蓝的；丙盒中装有 3 支红的，3 支蓝的. 今从中任取 1 支(设到 3 个盒子中取物的机会相同)，问取到红圆珠笔的概率是多少？

解 设事件 A_1 = "笔取于甲盒"，A_2 = "笔取于乙盒"，A_3 = "笔取于丙盒"，B = "取到的是红圆珠笔". 由题意可得

$$P(A_1) = P(A_2) = P(A_3) = \frac{1}{3}.$$

由全概率公式得

$$\begin{aligned} P(B) &= P(A_1)P(B \mid A_1) + P(A_2)P(B \mid A_2) + P(A_3)P(B \mid A_3) \\ &= \frac{1}{3}\left(\frac{1}{3} + \frac{2}{3} + \frac{1}{2}\right) = \frac{1}{2}. \end{aligned}$$

31. 据线性代数考试结果分析，努力学习的学生中有 90% 考试可能合格，不努力学习的学生中有 90% 考试可能不合格，据调查有 80% 的学生是努力学习的，试求考试合格的学生有多大可能是不努力学习的学生.

解 设事件 A = "被调查的学生考试合格"，B = "被调查的学生是学习努力的"，$\bar{B}$ = "被调查的学生是学习不努力的"，则

$$P(B) = 0.8, \quad P(\bar{B}) = 0.2, \quad P(A \mid B) = 0.9, \quad P(A \mid \bar{B}) = 0.1.$$

$$\begin{aligned} P(\bar{B} \mid A) &= \frac{P(\bar{B})P(A \mid \bar{B})}{P(B)P(A \mid B) + P(\bar{B})P(A \mid \bar{B})} = \frac{0.2 \times 0.1}{0.8 \times 0.9 + 0.2 \times 0.1} \\ &\approx 0.027. \end{aligned}$$

32. 转炉炼高级钢，每炉钢的合格率为 0.7，假定各次冶炼互不影响，若要求以 99% 的把握至少能炼出一炉合格钢，问至少需要炼几炉？

解 设至少炼了 n 炉才能以 99% 的把握炼出合格的钢.

事件 A_i = "炼出的一炉是合格的"，$\bar{A}_i$ = "炼出的一炉是不合格的"，$i = 1, 2, \cdots, n$；事件 B = "炼出合格的钢"，故

$$\begin{aligned} P(A_i) &= 0.7, \quad P(\bar{A}_i) = 0.3, \\ P(B) &= P(A_1 \cup A_2 \cup \cdots \cup A_n) = 1 - P(\bar{A}_1 \bar{A}_2 \cdots \bar{A}_n) \\ &= 1 - P(\bar{A}_1)P(\bar{A}_2)\cdots P(\bar{A}_n) = 1 - 0.3^n > 0.99. \end{aligned}$$

则 $$1 - 0.3^n > 0.99, \quad 0.3^n < 0.01, \quad n < \frac{\ln 0.01}{\ln 0.3} < 4.$$

所以必须炼 4 炉.

33. 飞机在雨天晚点的概率为 0.8,在晴天晚点的概率为 0.2,天气预报称明天有雨的概率为 0.4,试求

(1) 明天飞机晚点的概率;

(2) 若第二天飞机晚点,天气是雨天的概率有多大?

解　设事件 $A=$“明天飞机晚点”, $B_1=$“明天下雨”, $B_2=$“明天天晴”,则

$$P(B_1)=0.4,\quad P(B_2)=0.6,\quad P(A\mid B_1)=0.8,\quad P(A\mid B_2)=0.2.$$

(1) $P(A)=P(B_1)P(A\mid B_1)+P(B_2)P(A\mid B_2)=0.44.$

(2) 由逆概公式得 $P(B_1\mid A)=\dfrac{0.32}{0.44}=\dfrac{8}{11}=0.73.$

34. 已知 8 支步枪中有 5 支已校准过,3 支未校准. 一名射手用校准过的枪射击时中靶的概率为 0.8,用未校准过的枪射击时中靶的概率为 0.3. 现从 8 支枪中任取一支用于射击,结果中靶,求所用的枪是校准过的概率.

解　设事件 $A=$“射击时中靶”, $B_1=$“枪校准过”, $B_2=$“枪未校准过”,则

$$P(B_1)=\frac{5}{8},\quad P(B_2)=\frac{3}{8},\quad P(A\mid B_1)=0.8,\quad P(A\mid B_2)=0.3.$$

由逆概公式得

$$P(B_1\mid A)=\frac{0.8\times\frac{5}{8}}{0.8\times\frac{5}{8}+0.3\times\frac{3}{8}}=\frac{40}{49}.$$

35. 一批产品共有 100 件,其中有 4 件是次品,每次有放回地抽取一件检验,连续抽取检验 3 次,如果发现次品则认为这批产品不合格. 但检验时,一正品被判为次品的概率为 0.05,而一次品被判为正品的概率为 0.01,求这批产品被认为是合格品的概率.

解　设事件 $A=$“任取一件被认为是合格品”, $B=$“任取一件是次品”, $C=$“这批产品被认为是合格品”.

由题意得

$$P(B)=0.04,\quad P(\bar{B})=0.96,$$

$$P(A \mid B) = 0.01, \quad P(A \mid \bar{B}) = 0.95.$$

$$P(A) = P(B)P(A \mid B) + P(\bar{B})P(A \mid \bar{B}) \approx 0.9124.$$

所以 $$P(C) = 0.9124^3 \approx 0.7595.$$

36. 甲盒中有2只白球,1只黑球,乙盒中有1只白球,5只黑球.从甲盒中任取一球投入乙盒后,随机地从乙盒取出一球恰为白球,求之前从甲盒中取出的也是白球的概率.

解 设事件 A_1 ="从甲盒中取出的是白球", A_2 ="从甲盒中取出的是黑球", B ="从乙盒中取出的是白球".

由题意得

$$P(A_1) = \frac{2}{3}, \quad P(A_2) = \frac{1}{3}, \quad P(B \mid A_1) = \frac{2}{7}, \quad P(B \mid A_2) = \frac{1}{7}.$$

$$P(B) = P(A_1)P(B \mid A_1) + P(A_2)P(B \mid A_2) = \frac{2}{3} \times \frac{2}{7} + \frac{1}{3} \times \frac{1}{7} = \frac{5}{21}.$$

$$P(A_1 \mid B) = \frac{P(A_1)P(B \mid A_1)}{P(B)} = \frac{4}{5}.$$

37. 数字通信过程中,信源发射0,1两种状态信号,其中发射0的概率为0.6,发射1的概率为0.4.由于信道中存在干扰,在发射0的时候,接收端分别以0.7, 0.1和0.2的概率接收为1, 0和"不清";在发射1的时候,接收端分别以0.9, 0和0.1的概率接收为1, 0和"不清".现接收端收到的信号为"不清",问发射端发射的是0和1的概率分别是多少?

解 由逆概公式得

$$p_1 = \frac{0.6 \times 0.2}{0.6 \times 0.2 + 0.4 \times 0.1} = \frac{3}{4} = 0.75,$$

$$p_2 = \frac{0.4 \times 0.1}{0.6 \times 0.2 + 0.4 \times 0.1} = \frac{1}{4} = 0.25.$$

38. 有两箱同类零件,第一箱有50个,其中10个一等品,第二箱有30个,其中18个一等品.现任取一箱,从中任取零件2次,每次取1个,取后不放回.求

(1) 第二次取到的零件是一等品的概率;

(2) 在第一次取到一等品的条件下,第二次取到一等品的条件概率;

(3) 两次取到的都不是一等品的概率.

解　设事件 $A=$“第一次取得一等品”，$B=$“第二次取得一等品”.

(1) $P(B)=\frac{1}{2}\left[\left(\frac{1}{5}\times\frac{9}{49}+\frac{4}{5}\times\frac{10}{49}\right)+\left(\frac{3}{5}\times\frac{17}{29}+\frac{2}{5}\times\frac{18}{29}\right)\right]$

$=\frac{1}{10}(1+3)=0.4.$

(2) $P(B\mid A)=\frac{P(AB)}{P(A)}=\frac{\frac{1}{2}\left(\frac{1}{5}\times\frac{9}{49}+\frac{3}{5}\times\frac{17}{29}\right)}{\frac{1}{2}\left(\frac{1}{5}+\frac{3}{5}\right)}=\frac{\frac{9}{49}+\frac{51}{29}}{4}$

$=\frac{1.942}{4}\approx 0.4856.$

(3) $P(\bar{A}\bar{B})=\frac{1}{2}\left(\frac{4}{5}\times\frac{39}{49}+\frac{2}{5}\times\frac{11}{29}\right)=\frac{1}{5}\left(\frac{78}{49}+\frac{11}{29}\right)\approx 0.3942$

或

$$P(\bar{A}\bar{B})=1-P(A\cup B)=1-P(A)-P(B)+P(AB)\approx 0.3942.$$

39. 一台电脑在一段时间内先遭受了甲种病毒的攻击，后又遭受了乙种病毒的攻击. 已知被感染甲种病毒的概率为 $\frac{1}{4}$，感染甲种病毒后又感染乙种病毒的概率为 $\frac{3}{4}$，若未被感染甲种病毒，而感染乙种病毒的概率为 $\frac{1}{4}$. 求

(1) 电脑至少被感染一种病毒的概率；

(2) 若已知电脑感染了乙种病毒，求它被感染甲种病毒的概率.

解　设事件 $A_1=$“电脑被感染甲种病毒”，$A_2=$“电脑被感染乙种病毒”. 由题意得

$$P(A_1)=\frac{1}{4},\quad P(\bar{A}_1)=\frac{3}{4},\quad P(A_2\mid A_1)=\frac{3}{4},$$

$$P(A_2\mid \bar{A}_1)=\frac{1}{4},\quad P(\bar{A}_2\mid \bar{A}_1)=\frac{3}{4}.$$

(1) $P(A_1\cup A_2)=1-P(\bar{A}_1\bar{A}_2)=1-P(\bar{A}_1)P(\bar{A}_2\mid\bar{A}_1)$

$=1-\frac{3}{4}\times\frac{3}{4}=\frac{7}{16}.$

(2) 由逆概公式得

$$P(A_1 \mid A_2)=\frac{P(A_1A_2)}{P(A_2)}=\frac{P(A_1)P(A_2 \mid A_1)}{P(A_1)P(A_2 \mid A_1)+P(\bar{A}_1)P(A_2 \mid \bar{A}_1)}$$

$$=\frac{\frac{1}{4}\times\frac{3}{4}}{\frac{1}{4}\times\frac{3}{4}+\frac{3}{4}\times\frac{1}{4}}=\frac{1}{2}.$$

1.4 同步练习题及答案

一、填空题

1. 简化 $(A\cup B)(B\cup C)=$ ________;$(A\cup B)(A\cup \bar{B})=$ ________.

2. 向指定的目标射三枪,以 A, B, C 分别表示事件"第一、二、三枪击中目标",试用 A, B, C 表示下列事件:只击中第二枪 ________;至多击中一枪________.

3. 掷一枚骰子,设事件 A 表示"出现的是奇数点",B 表示"出现的是大于 3 的点",则 $\bar{A}B$ 表示________;$A\cup\bar{B}$ 表示________.

4. 设事件 A, B 的概率分别为 $\frac{1}{3}$ 和 $\frac{1}{2}$,若 A 与 B 互不相容,$P(A\bar{B})=$ ________;当 $A\subset B$ 时,$P(B\bar{A})=$ ________;若 $P(AB)=\frac{1}{8}$,$P(B\bar{A})=$ ________.

5. 设事件 A, B 满足条件 $P(AB)=P(\bar{A}\bar{B})$,且 $P(A)=p$,则 $P(B)=$ ________.

6. 若 A 与 B 互不相容,又已知 $P(A)=p$, $P(B)=q$,则 $P(A\cup B)=$ ________;$P(\bar{A}\cup B)=$ ________;$P(\bar{A}B)=$ ________;$P(A\bar{B})=$ ________.

7. 设 $P(A)=P(B)=P(C)=\frac{1}{3}$,$A$, B, C 相互独立,则 A, B, C 至少有一个出现的概率为________;A, B, C 恰好有一个出现的概率为________;A, B, C 最多有一个出现的概率为________.

8. 设 $P(A)=0.3$, $P(A\cup B)=0.6$,则若 A 与 B 互不相容,$P(B)=$ ________;当 $A\subset B$ 时,$P(B)=$ ________;若 A 与 B 相互独立,$P(B)=$ ________.

9. 设 $P(A)=0.6$, $P(A-B)=0.2$,则 $P(AB)=$ ________;$P(A\bar{B})=$ ________.

10. 设 A, B 是两个随机事件，已知 $P(A)=0.3$，$P(B)=0.4$，$P(A\mid B)=0.5$，则 $P(B\mid A)=$________.

11. 有三个人，每个人都以相同的概率被分配到 5 间房中的一间，则某指定房间中恰有两人的概率是________.

12. 设一个箱子中有 100 件产品，其中 90 件正品，10 件次品. 从箱子中任意取出 5 件，试求“无次品”的概率为________；“恰有两件次品”的概率为________；“至少有一件正品”的概率为________.

二、计算题

1. 一口袋装有 6 只球，其中 4 只白球，2 只红球，从袋中取球两次，每次随机地取一只，求

(1) 不放回抽取，“取出 2 只球中至少有 1 只是白球”的概率；

(2) 有放回抽取，“取出 2 只球中至少有 1 只是白球”的概率.

2. 设 $P(A)=0.4$，$P(B)=0.6$，$P(B\mid A)=0.8$，求 $P(B\mid \bar{A}\cup B)$.

3. 某人买了 A, B, C 三种不同类型的奖券各一张，已知中奖的概率分别为 $P(A)=0.01$，$P(B)=0.02$，$P(C)=0.03$，且各类奖券是否中奖是相互独立的，求他至少有一张奖券中奖的概率 p.

4. 设有两种报警系统Ⅰ与Ⅱ，它们单独使用时，有效的概率分别为 0.92 与 0.93，且已知在系统Ⅰ失效的条件下，系统Ⅱ有效的概率为 0.85，试求(1)至少有一个系统有效的概率；(2)系统Ⅰ与Ⅱ同时有效的概率.（注意：两个系统不独立.）

5. 一个工人同时照管甲、乙和丙三台独立工作的机床. 在某段时间内它们不需要照管的概率分别为 0.9，0.8，0.85. 求以下事件的概率：(1)在这段时间内至少有一台机床需要照管；(2)在这段时间内至少有一台机床因为无人照管而停工.

6. 袋中有 5 只球，其中 3 只新球，2 只旧球，现每次取一只，不放回地取 2 次，求第二次取到新球的概率.

7. 有 10 个袋子，各袋中装球情况如下：

(1) 2 个袋子中各装 2 只白球与 4 只黑球；

(2) 3 个袋子中各装 3 只白球与 3 只黑球；

(3) 5 个袋子中各装 4 只白球与 2 只黑球.

任选一个袋子，并从其中任取 2 只球，求取出的 2 只球都是白球的概率.

8. 两台车床加工同样的零件，第一台出现废品的概率为 0.03，第二台出现废

品的概率为0.02，加工出来的零件放在一起.又知第一台加工的零件数是第二台的零件数的两倍，求(1)任取一个零件是合格品的概率；(2)任取一个零件是废品，它为第二台加工的概率.

9. 箱中有Ⅰ号袋1个，Ⅱ号袋2个，Ⅲ号袋2个.Ⅰ号袋中装4只红球，2只白球，Ⅱ号袋中装2只红球，4只白球，Ⅲ号袋中装3只红球，3只白球.今从箱中任取一袋，再从袋中任取一球，结果为红球，求这只红球来自Ⅰ号袋的概率.

10. 某商店拥有某产品共12件，其中4件次品，已经售出2件，现从剩下的10件产品中任取一件，求这件是正品的概率.

三、证明题

1. 已知 $P(A)>0$, $P(B)>0$，证明(1)如果事件 A 与 B 互不相容，则事件 A 与 B 不独立；(2)如果事件 A 与 B 相互独立，则事件 A 与 B 不是互不相容.

2. 证明：如果 $P(A\mid B)=P(A\mid \bar{B})$，则事件 A 与 B 是独立的.

3. 已知事件 A 与 B 是独立的，证明 A, $\bar{B}$ 独立，$\bar{A}$, B 独立.

4. 设 $P(A)>0$, $P(B)>0$，若 $P(B)>P(B\mid A)$，证明 $P(B)<P(B\mid \bar{A})$.

答案

一、填空题

1. $B\cup AC$; A.　**2.** $\bar{A}B\bar{C}$; $\bar{B}\bar{C}\cup\bar{A}\bar{C}\cup\bar{A}\bar{B}$.　**3.** $\{4, 6\}$; $\{1, 2, 3, 5\}$.

4. $\frac{1}{3}$; $\frac{1}{6}$; $\frac{3}{8}$.　**5.** $1-p$.　**6.** $p+q$; $1-p$; q; p.

7. $\frac{19}{27}$; $\frac{4}{9}$; $\frac{20}{27}$.　**8.** 0.3; 0.6; $\frac{3}{7}$.　**9.** 0.4; 0.2.　**10.** $\frac{2}{3}$.

11. $\frac{C_3^2C_4^1}{5^3}=\frac{12}{125}$.　**12.** $\frac{C_{90}^5}{C_{100}^5}\approx 0.58$; $\frac{C_{10}^2C_{90}^3}{C_{100}^5}\approx 0.07$; $1-\frac{C_{10}^5}{C_{100}^5}$.

二、计算题

1. 解　设事件 $A_1=$“第一次取得红球”，$A_2=$“第二次取得红球”，$B=$“至少取到一次白球”.

(1) $P(B)=1-P(A_1)P(A_2\mid A_1)=1-\frac{1}{3}\times\frac{1}{5}=\frac{14}{15}$;

(2) $P(B)=1-P(A_1)P(A_2)=1-\left(\frac{1}{3}\right)^2=\frac{8}{9}$.

2. 解　$P(B \mid \bar{A} \cup B) = \frac{P[B \cap (\bar{A} \cup B)]}{P(\bar{A} \cup B)} = \frac{P(B\bar{A} \cup B)}{P(\bar{A} \cup B)} = \frac{P(B)}{P(\bar{A}) + P(B) - P(\bar{A}B)}$

$$= \frac{P(B)}{P(\bar{A}) + P(B) - [P(B) - P(AB)]}$$

$$= \frac{P(B)}{[1 - P(A)] + P(A)P(B \mid A)}$$

$$= \frac{0.6}{(1-0.4) + 0.4 \times 0.8} = \frac{15}{23}.$$

3. 解　$p = P(A \cup B \cup C) = 1 - P(\bar{A}\bar{B}\bar{C}) = 1 - P(\bar{A})P(\bar{B})P(\bar{C})$

$= 1 - 0.99 \times 0.98 \times 0.97 = 0.0589.$

4. 解　设事件 A =“Ⅰ有效”，B =“Ⅱ有效”.

$$P(A) = 0.92, \quad P(B) = 0.93, \quad P(B \mid \bar{A}) = 0.85, \quad P(\bar{B} \mid \bar{A}) = 0.15.$$

(1) $P(A \cup B) = 1 - P(\bar{A}\bar{B}) = 1 - P(\bar{A})P(\bar{B} \mid \bar{A})$

$= 1 - 0.08 \times 0.15 = 1 - 0.012 = 0.988.$

(2) $P(AB) = P(A) + P(B) - P(A \cup B) = 0.92 + 0.93 - 0.988 = 0.862.$

5. 解　分别用 A, B, C 表示这段时间内，机床甲、乙、丙“不需要照管”事件. 依题意，它们是相互独立的，$P(A) = 0.9$, $P(B) = 0.8$, $P(C) = 0.85$.

(1) 至少有一台机床需要照管

$$P(\bar{A} \cup \bar{B} \cup \bar{C}) = P(\overline{ABC}) = 1 - P(ABC) = 1 - P(A)P(B)P(C)$$
$$= 1 - 0.612 = 0.388.$$

(2) 至少有一台机床因为无人照管而停工，说明至少有两台机床同时需要照管，则

$$P(\bar{A}\bar{B} \cup \bar{B}\bar{C} \cup \bar{C}\bar{A}) = P(\bar{A}\bar{B}) + P(\bar{B}\bar{C}) + P(\bar{A}\bar{C}) - 3P(\bar{A}\bar{B}\bar{C}) + P(\bar{A}\bar{B}\bar{C})$$
$$= 0.1 \times 0.2 + 0.2 \times 0.15 + 0.1 \times 0.15 - 2 \times 0.1 \times 0.2 \times 0.15$$
$$= 0.059.$$

6. 解　设事件 A_1 =“第一次取得新球”，A_2 =“第一次取得旧球”，B =“第二次取到新球”.

$$P(B) = P(A_1)P(B \mid A_1) + P(A_2)P(B \mid A_2) = \frac{3}{5} \times \frac{2}{4} + \frac{2}{5} \times \frac{3}{4} = \frac{3}{5}.$$

7. 解　设事件 A_k =“选取袋子中装球的情况属于第 k 种”($k = 1, 2, 3$)，B =“取出的 2 只球都是白球”.

$$P(A_1) = \frac{1}{5}, \quad P(A_2) = \frac{3}{10}, \quad P(A_3) = \frac{1}{2},$$

$$P(B \mid A_1) = \frac{1}{15}, \quad P(B \mid A_2) = \frac{1}{5}, \quad P(B \mid A_3) = \frac{2}{5}.$$

由全概公式得

$$P(B)=P(A_1)P(B\mid A_1)+P(A_2)P(B\mid A_2)+P(A_3)P(B\mid A_3)=\frac{41}{150}.$$

8. 解 设事件 $A_1=$“第一台机床加工的零件”，$A_2=$“第二台机床加工的零件”，$B=$“取到的零件是合格品”.

$$P(A_1)=\frac{2}{3},\quad P(A_2)=\frac{1}{3},\quad P(B\mid A_1)=0.97,\quad P(B\mid A_2)=0.98.$$

(1) 由全概公式得

$$P(B)=P(A_1)P(B\mid A_1)+P(A_2)P(B\mid A_2)=0.973.$$

(2) 由(1)可知 $\bar{B}=$“取到一个零件是废品”，则

$$P(\bar{B}\mid A_1)=0.03,\quad P(\bar{B}\mid A_2)=0.02.$$

由逆概公式得

$$P(A_2\mid \bar{B})=\frac{P(A_2)P(\bar{B}\mid A_2)}{P(A_1)P(\bar{B}\mid A_1)+P(A_2)P(\bar{B}\mid A_2)}=\frac{\frac{1}{3}\times\frac{2}{100}}{\frac{2}{3}\times\frac{3}{100}+\frac{1}{3}\times\frac{2}{100}}=0.25.$$

9. 解 设事件 $A_k=$“第 k 号袋”，$k=1,2,3$，$B=$“取到红球”.

$$P(A_1)=\frac{1}{5},\quad P(A_2)=\frac{2}{5},\quad P(A_3)=\frac{2}{5},\quad P(B\mid A_1)=\frac{2}{3},$$

$$P(B\mid A_2)=\frac{1}{3},\quad P(B\mid A_3)=\frac{1}{2}.$$

$$P(A_1\mid B)=\frac{P(A_1)P(B\mid A_1)}{P(A_1)P(B\mid A_1)+P(A_2)P(B\mid A_2)+P(A_3)P(B\mid A_3)}$$

$$=\frac{\frac{1}{5}\times\frac{2}{3}}{\frac{1}{5}\times\frac{2}{3}+\frac{2}{5}\times\frac{1}{3}+\frac{2}{5}\times\frac{1}{2}}=\frac{2}{7}.$$

10. 解 设事件 $A_i=$“售出的 2 件产品中有 i 件是次品”($i=0,1,2.$)，$B=$“剩下的 10 件产品中任取一件是正品”.

$$P(B)=\sum_{i=0}^{2}P(A_i)P(B\mid A_i)=\frac{C_8^2}{C_{12}^2}\times\frac{6}{10}+\frac{C_8^1C_4^1}{C_{12}^2}\times\frac{7}{10}+\frac{C_4^2}{C_{12}^2}\times\frac{8}{10}=0.66.$$

三、证明题

1. 证明 (1)如果事件 A 与 B 互不相容，则 $P(AB)=0$，

因为 $P(A)>0$，故 $P(B\mid A)=\dfrac{P(AB)}{P(A)}=0$，

而 $P(B)>0$，则 $P(B\mid A)\neq P(B)$. 所以事件 A 与 B 不独立.

(2) 若事件 A 与 B 独立，则 $P(AB)=P(A)P(B)>0$，所以事件 A 与 B 不是互不相容.

2. 证明　$\dfrac{P(AB)}{P(B)}=\dfrac{P(A\bar{B})}{1-P(B)}=\dfrac{P(A)-P(AB)}{1-P(B)}$.

整理得 $P(AB)=P(A)P(B)$，则事件 A 与 B 是独立的.

3. 证明　$P(A\bar{B})=P(A)-P(AB)=P(A)-P(A)P(B)$

$$=P(A)[1-P(B)]=P(A)P(\bar{B}).$$

若 A 与 B 独立，A，$\bar{B}$ 也独立，同样可以证明 $\bar{A}$，B 也独立.

4. 证明　由已知条件可知 $P(B)>P(B\mid A)=\dfrac{P(AB)}{P(A)}$，得 $P(AB)<P(A)P(B)$.

所以可以证明　$P(B\mid\bar{A})=\dfrac{P(\bar{A}B)}{P(\bar{A})}=\dfrac{P(B)-P(AB)}{1-P(A)}>\dfrac{P(B)-P(A)P(B)}{1-P(A)}>P(B)$.

第 2 章　随机变量及其概率分布

本章是概率论中核心的内容.

2.1　内容概要问答

1. 随机变量及其分类是什么?

答　在随机试验中,依赖试验结果的不同取不同值的量为随机变量.按照随机变量的取值规律,可分为离散型(变量取值为有限个或可数无穷多个数值)和连续型(变量可取某一区间内的任何值).

2. 离散型随机变量分布律的表示法是什么?

答　设随机变量 X 的可取值为 $x_1, x_2, \cdots, x_n$, X 在这些值的概率依次为 $p_1, p_2, \cdots, p_n$, 则分布律有

(1) 公式法 $P(X = x_k) = p_k,\ k = 1, 2, \cdots, n$;

(2) 图示法(略);

(3) 列表法(见下表).

X	x_1	x_2	$\cdots$	x_k	$\cdots$
p_k	p_1	p_2	$\cdots$	p_k	$\cdots$

3. 离散型随机变量分布律的性质有哪些?

答　(1) 非负性: $p_k \geqslant 0,\ k = 1, 2, \cdots, n$;

(2) 归一性: $\sum_{k=1}^{n} p_k = 1$.

4. 常用的离散型随机变量的分布有哪些?

(1) (0－1)分布: 试验只有两个互斥的结果 A 与 $\bar{A}$, 便可定义一个函数

$X = \begin{cases} 0, & \text{当 } \bar{A} \text{ 发生}, \\ 1, & \text{当 } A \text{ 发生}. \end{cases}$ 其分布律为

$$P(X = k) = p^k q^{1-k}, \quad k = 0, 1.$$

(2) 二项分布：在一次试验中事件 A 发生的概率为 $p\ (0<p<1)$，在 n 次重复独立试验中 A 发生 k 次的概率为二项分布

$$P(X=k)=C_n^k p^k q^{n-k},\quad k=0,1,2,\cdots,n.$$

记为 $X\sim B(n,p)$.

(3) 超几何分布：这是计件抽样检验中一个重要的计算公式，它全面地表示了无放回抽取中取得次品数 X 取值的概率分布为

$$P(X=k)=\frac{C_M^k C_{N-M}^{n-k}}{C_N^n},\quad k=0,1,2,\cdots,\min\{M,n\}.$$

(4) 泊松分布：这种分布常应用稠密问题，如候车的人数、原子放射粒子数等. X 取值的概率分布为

$$P(X=k)=\frac{\lambda^k e^{-\lambda}}{k!},\quad k=0,1,2,\cdots,n.$$

记为 $X\sim\pi(\lambda)$.

泊松分布与二项分布存在着某种联系，当 n 充分大时，令 $\lambda=np$，

$$C_n^k p^k q^{1-k}\approx\frac{\lambda^k e^{-\lambda}}{k!},\quad k=0,1,2,\cdots,n.$$

5. 分布函数及其分类是什么?

答　设 X 为随机变量，x 为任意实数，称 $F(x)=P(X\leqslant x)$ 为 X 的分布函数.

对于任意实数 x，有

$$F(x)=P(X\leqslant x)=\begin{cases}\sum\limits_{x_k\leqslant x}p_k, & X\text{为离散型},\\ \int_{-\infty}^{x}f(t)\,dt, & X\text{为连续型}.\end{cases}$$

6. 分布函数的性质有哪些?

答　(1)单调不减性：若 $x_1<x_2$，则 $F(x_1)\leqslant F(x_2)$；

(2) 右连续性：$F(x^+)=F(x)$；

(3) 归一性：对任意实数 x，$0\leqslant F(x)\leqslant 1$，且 $\lim\limits_{x\to-\infty}F(x)=0$，$\lim\limits_{x\to+\infty}F(x)=1$.

7. 连续型随机变量的概率密度是什么?

答 对于随机变量 X,若存在一个定义在 $(-\infty, +\infty)$ 内的非负函数 $f(x)$,使得 $F(x)=\int_{-\infty}^{x} f(t)\mathrm{d}t$ 成立,则称 X 为连续型随机变量,称 $f(x)$ 为 X 的概率密度函数. 同时,对任意的 a, b 有 $P(a<X\leqslant b)=\int_{a}^{b} f(x)\mathrm{d}x=F(b)-F(a)$ 成立.

8. 密度函数有哪些性质?

答 (1) $f(x)\geqslant 0$, $\int_{-\infty}^{+\infty} f(x)\mathrm{d}x=1$; (2) $P(X=k)=0$.

这个性质使得

$P(a<X\leqslant b)=P(a\leqslant X<b)=P(a<X<b)=P(a\leqslant X\leqslant b)$.

9. 写出常用的连续型随机变量 X 的密度函数和分布函数.

答 (1) 均匀分布: X 的一切可能值充满着某一区间 (a, b),其概率密度函数为

$$f(x)=\begin{cases}\dfrac{1}{b-a}, & a<x<b,\\ 0, & \text{其他};\end{cases}$$

其分布函数为

$$F(x)=\begin{cases}0, & x<a,\\ \dfrac{x-a}{b-a}, & a\leqslant x<b,\\ 1, & x\geqslant b.\end{cases}$$

X 服从参数为 a, b 的均匀分布,记为 $X\sim U(a, b)$;

(2) 指数分布: X 的密度函数为

$$f(x)=\begin{cases}\lambda \mathrm{e}^{-\lambda x}, & x\geqslant 0,\\ 0, & x<0;\end{cases}$$

其分布函数为

$$F(x)=\begin{cases}0, & x<0,\\ 1-\mathrm{e}^{-\lambda x}, & x\geqslant 0.\end{cases}$$

X 服从参数为 λ 的指数分布,记为 $X\sim E(\lambda)$.

(3) 正态分布: X 的密度函数为

$$f(x)=\frac{1}{\sqrt{2\pi}\sigma}e^{-\frac{(x-\mu)^2}{2\sigma^2}},\quad -\infty<x<+\infty,\ \sigma>0;$$

其分布函数为

$$F(x)=\frac{1}{\sqrt{2\pi}\sigma}\int_{-\infty}^{x}e^{-\frac{(t-\mu)^2}{2\sigma^2}}dt.$$

X 服从参数为 μ，σ^2 的正态分布，记为 $X\sim N(\mu,\sigma^2)$.

(4) 标准正态分布：X 的密度函数为

$$\varphi(x)=\frac{1}{\sqrt{2\pi}}e^{-\frac{x^2}{2}},\quad -\infty<x<+\infty,$$

记为 $X\sim N(0,1)$.

其分布函数为

$$\Phi(x)=\frac{1}{\sqrt{2\pi}}\int_{-\infty}^{x}e^{-\frac{t^2}{2}}dt.$$

两个重要的概率积分公式：$\int_{-\infty}^{+\infty}e^{-x^2}dx=\sqrt{\pi}$；$\int_{-\infty}^{+\infty}e^{-\frac{x^2}{2}}dx=\sqrt{2\pi}$.

10. 写出利用正态分布表计算概率的公式.

答　当 $X\sim N(0,1)$ 时，

(1) $\Phi(0)=0.5$；$\Phi(-x)=1-\Phi(x)$；$P(|X|\leqslant a)=2\Phi(a)-1$.

(2) $P(a<X<b)=\Phi(b)-\Phi(a)$；
$P(X<b)=P(X\leqslant b)=\Phi(b)$；
$P(X\geqslant a)=P(X>a)=1-P(X\leqslant a)=1-\Phi(a)$.

11. 写出一般正态分布的概率计算

答　当 $X\sim N(\mu,\sigma^2)$ 时，令 $u=\frac{t-\mu}{\sigma}$，则

$$F(x)=\frac{1}{\sqrt{2\pi}}\int_{-\infty}^{\frac{x-\mu}{\sigma}}e^{-\frac{u^2}{2}}du=\Phi\left(\frac{x-\mu}{\sigma}\right),$$

即

$$X\sim N(\mu,\sigma^2),\quad P(a<X<b)=\Phi\left(\frac{b-\mu}{\sigma}\right)-\Phi\left(\frac{a-\mu}{\sigma}\right).$$

12. 随机变量的函数及其概率分布是什么？

答　X 为随机变量，则函数 $Y=g(X)$ 也是随机变量，每当 X 取 x 时，Y 随之

取值 $g(x)$.

离散型随机变量 X 的分布律：

X	x_1	x_2	$\cdots$	x_k	$\cdots$
p_k	p_1	p_2	$\cdots$	p_k	$\cdots$

离散型随机变量 X 的函数 $Y=g(X)$ 的分布律：

$g(X)$	$g(x_1)$	$g(x_2)$	$\cdots$	$g(x_k)$	$\cdots$
p_k	p_1	p_2	$\cdots$	p_k	$\cdots$

连续型随机变量 X 的函数 $Y=g(X)$ 的概率分布：

设 X 的密度函数为 $f(x)=\begin{cases}\varphi(x), & a\leqslant x\leqslant b,\\ 0, & \text{其他}.\end{cases}$

设 $Y=g(X)$，$y=g(x)$ 必须单值单调可导的密度函数为

$$f(y)=\begin{cases}\varphi[h(y)]\mid h'(y)\mid, & \alpha\leqslant x\leqslant \beta,\\ 0, & \text{其他}.\end{cases}$$

其中 $\alpha=\min\limits_{a\leqslant x\leqslant b} g(x)$，$\beta=\max\limits_{a\leqslant x\leqslant b} g(x)$，$X=h(Y)$ 是 $Y=g(X)$ 的反函数.

2.2 基本要求及重点、难点提示

随机变量是概率论与数理统计所要研究的基本对象，它是定义在样本空间上具有某种可测性的实值函数. 我们关心的是它取哪些值以及以多大的概率取这些值，而分布函数完整地描述了随机变量取值的统计规律，又由于分布函数具有良好的分析性质，所以它是研究随机变量的重要工具.

离散型与连续型随机变量是最重要的两类随机变量，它们因取值范围不同，在描述和处理方法上有很大差异，学习中注意对比其异同. 本章的基本要求：

(1) 理解随机变量的概念.

(2) 掌握离散型随机变量分布律的概念及性质，掌握常见四种离散型分布及应用(0—1 分布、二项分布、泊松分布、超几何分布)；会求简单离散型随机变量的分布律.

(3) 了解泊松分布定理的结论和应用的条件，会用泊松分布近似表示二项分布.

(4) 掌握连续型随机变量概率密度的概念及性质，掌握三种常见的连续型随机变量的分布及应用(均匀分布、指数分布、正态分布)，会用概率密度求随机变量

落在每一个区间的概率.

(5) 理解分布函数的概念及性质,掌握分布函数与分布律、概率密度之间的关系,会用分布函数计算有关事件的概率,会查泊松分布和正态分布表.

(6) 会求简单随机变量函数的概率分布,掌握离散型随机变量函数的分布律和连续型随机变量函数的概率密度的求法.

本章重点　(1) 掌握几种常见分布规律及其应用.

(2) 掌握分布函数概念和性质.

(3) 理解离散型随机变量分布律与连续型随机变量概率密度以及它们与分布函数之间的关系.

(4) 掌握一维随机变量的函数的分布.

本章难点　求连续性随机变量函数的分布,最基本的方法是分布函数法,公式法也是很重要的一种方法.

2.3　习题详解

1. 从100件同类产品(其中有5件是次品)中任取3件,求3件中所含次品数 X 的概率分布.

解　次品数 X 的概率分布为 $P(X=k)=\dfrac{C_5^k C_{95}^{3-k}}{C_{100}^3}$, $k=0, 1, 2, 3$.

2. 有同类产品100件(其中有5件次品),每次从中任取1件,连续抽取20件.求

(1) 有放回抽取时,抽得次品数 X 的分布律;

(2) 无放回抽取时,20件中所含次品数 X 的分布律.

解　(1) $P(X=k)=C_{20}^k\,(0.05)^k\,(0.95)^{20-k}$, $k=0, 1, 2, \cdots, 20$.

(2) $P(X=k)=\dfrac{C_5^k C_{95}^{20-k}}{C_{100}^{20}}$, $k=0, 1, 2, 3, 4, 5$.

3. 已知离散型随机变量分布律为

(1) $P(X=k)=\dfrac{k}{a}$, $k=1, 2, \cdots, 10$;

(2) $P(X=k)=b\left(\dfrac{1}{4}\right)^k$, $k=1, 2, 3$.

试求常数 a, b.

解　(1) 由 $\sum\limits_{k=1}^{10}\dfrac{k}{a}=\dfrac{1}{a}\sum\limits_{k=1}^{10}k=\dfrac{10\times(1+10)}{2a}=1$, 解出 $a=55$.

(2) 由 $\sum_{k=1}^{3} b\left(\frac{2}{3}\right)^{k} = b\sum_{k=1}^{3}\left(\frac{2}{3}\right)^{k} = b\frac{2}{3}\left(1+\frac{2}{3}+\frac{4}{9}\right) = b\frac{38}{27} = 1$，解得 $b=\frac{27}{38}$.

4. 某射手每发子弹击中目标的概率为 0.8，今对靶独立重复射击 20 次（每次 1 发）. 求

(1) 恰有 2 次中靶的概率；

(2) 不超过 2 次中靶的概率；

(3) 至少 2 次中靶的概率.

解 设 20 次射击中的中靶次数为 X，则 $X \sim B(20, 0.8)$，有

(1) 20 次射击中恰有 2 次中靶的概率为 $P(X=2) = C_{20}^{2} \times 0.8^{2} \times 0.2^{18} \approx 0$.

(2) $P(X \leqslant 2) = P(X=0) + P(X=1) + P(X=2)$

$$= 0.2^{20} + C_{20}^{1} \times 0.8 \times 0.2^{19} + C_{20}^{2} \times 0.8^{2} \times 0.2^{18} \approx 0.$$

(3) $P(X \geqslant 2) = 1 - P(X=0) - P(X=1) \approx 1$.

5. 某大楼有 5 台同类型供水设备，已知在任何时刻每台设备被使用的概率为 0.1，求在同一时刻下列问题的概率.

(1) 恰有 2 台设备被使用；

(2) 至多有 3 台设备被使用；

(3) 至少有 1 台设备被使用.

解 设被使用的设备数为 X，则 $X \sim B(5, 0.1)$，有

(1) $P(X=2) = C_{5}^{2} \times 0.1^{2} \times 0.9^{3} \approx 0.0729$.

(2) $P(X \leqslant 3) = 1 - P(X=4) - P(X=5) \approx 0.99954$.

(3) $P(X > 0) = 1 - P(X=0) = 1 - 0.9^{5} = 0.40951$.

6. 某车间内有 12 台车床，每台车床由于装卸加工件等原因时常要停车. 设各台车床停车或开车是相互独立的，每台车床在任一时刻处于停车状态的概率为 0.3，求

(1) 任一时刻车间内停车台数 X 的分布律；

(2) 任一时刻车间内车床全部工作的概率.

解 $X \sim B(12, 0.3)$，有

(1) $P(X=k) = C_{12}^{k} \times 0.3^{k} \times 0.7^{12-k}$，$k = 0, 1, \cdots, 12$.

(2) $P(X=0) = 0.7^{12} \approx 0.0138$.

7. 随机变量 $X \sim \pi(\lambda)$，已知 $P(X=1)=P(X=2)$，求 $\lambda(\lambda>0)$ 的值，并写出 X 的分布律.

解　由题意可知 $\lambda e^{-\lambda}=\dfrac{\lambda^2 e^{-\lambda}}{2}$，解得

$$\lambda=2,\quad P(X=k)=\frac{2^k e^{-2}}{k!},\quad k=0,1,2,\cdots.$$

8. 已知在确定的工序下，生产某种产品的次品率为 0.001. 今在同一工序下，独立生产 5 000 件这种产品，求至少有 2 件次品的概率.

解　设 5 000 件产品中的次品数为 X，$X \sim B(5\,000,\ 0.001)$，此题可以用泊松分布计算.

因为 $\lambda=np=5\,000\times 0.001=5$，

所以
$$P(X\geqslant 2)\approx \sum_{k=2}^{\infty}\frac{5^k e^{-5}}{k!}\approx 0.959\,6.$$

9. 从发芽率为 99% 的种子里，任取 100 粒，求发芽粒数 X 不小于 97 粒的概率.

解　设 $Y=$"不发芽的种子数"，则 $Y \sim B(100,\ 0.01)$. 此题可以用泊松分布计算.

因为 $\lambda=100\times 0.01=1$，

所以 $P(Y\leqslant 3)=1-P(Y\geqslant 4)\approx 1-\displaystyle\sum_{k=4}^{\infty}\frac{1^k e^{-1}}{k!}=1-0.019=0.981.$

10. 某城市 110 报警台，在一般情况下，1 h 内平均接到电话呼叫 60 次，已知电话呼叫次数 X 服从泊松分布(已知参数 $\lambda=60$)，求在一般情况下，30 s 内接到电话呼叫次数不超过 1 次的概率.(提示：第 4 章将说明 λ 是单位时间内电话交换台接到呼叫次数的平均值，所以 $\lambda=\dfrac{60}{3\,600}\times 30=0.5$)

解　$X\sim\pi(\lambda)$，因为 $\lambda=\dfrac{60}{3\,600}\times 30=0.5$，

所以
$$\begin{aligned}P(X\leqslant 1)&=1-P(X\geqslant 2)=1-\sum_{k=2}^{\infty}\frac{0.5^k e^{-0.5}}{k!}\approx 1-0.090\,204\\&=0.909\,8.\end{aligned}$$

11. 设10件产品中恰好有2件次品,现在连续进行不放回抽样,直到取到正品为止.求

(1) 抽样次数 X 的分布律及其分布函数;

(2) $P(X=3.5)$, $P(X>-2)$, $P(1<X<3)$.

解 (1)

X	1	2	3
p_k	$\frac{4}{5}$	$\frac{8}{45}$	$\frac{1}{45}$

$$F(x)=\begin{cases}0, & x<1,\\ \frac{4}{5}, & 1\leqslant x<2,\\ \frac{44}{45}, & 2\leqslant x<3,\\ 1, & x\geqslant 3.\end{cases}$$

(2) $P(X=3.5)=0$, $P(X>-2)=1$,

$$P(1<X<3)=P(X=2)=\frac{8}{45}.$$

12. 设离散型随机变量 X 的分布函数为

$$F(x)=\begin{cases}0, & x<-1,\\ a, & -1\leqslant x<1,\\ \frac{3}{4}-a, & 1\leqslant x<2,\\ a+b, & x\geqslant 2,\end{cases}$$

且 $F\left(\frac{3}{2}\right)=\frac{1}{2}$,试求常数 a, b 的值和 X 的分布律.

解 因为 $F\left(\frac{3}{2}\right)=\frac{1}{2}$,即 $\frac{3}{4}-a=\frac{1}{2}$, $a=\frac{1}{4}$; $a+b=1$, $b=\frac{3}{4}$.

$$F(x)=\begin{cases}0, & x<-1,\\ \frac{1}{4}, & -1\leqslant x<1,\\ \frac{1}{2}, & 1\leqslant x<2,\\ 1, & x\geqslant 2,\end{cases}$$

$$P(X=-1)=F(-1)-F(-1^-)=\frac{1}{4},$$

$$P(X=1)=F(1)-F(1^-)=\frac{1}{2}-\frac{1}{4}=\frac{1}{4},$$

$$P(X=2)=F(2)-F(2^-)=1-\frac{1}{2}=\frac{1}{2},$$

X	0	1	2
p_k	$\frac{1}{4}$	$\frac{1}{4}$	$\frac{1}{2}$

13. 设随机变量 X 的密度函数为

$$f(x)=\begin{cases} x, & 0\leqslant x<1, \\ 2-x, & 1\leqslant x\leqslant 2, \\ 0, & \text{其他}, \end{cases}$$

求分布函数 $F(x)$.

解　$$F(x)=\begin{cases} 0, & x<0, \\ \int_0^x t\mathrm{d}t=\frac{x^2}{2}, & 0\leqslant x<1, \\ \int_0^1 x\mathrm{d}x+\int_1^x(2-t)\mathrm{d}t=2x-\frac{x^2}{2}-1, & 1\leqslant x<2, \\ 1, & x\geqslant 2. \end{cases}$$

14. 设随机变量 X 的分布函数为

$$F(x)=\begin{cases} 1-(1+x)\mathrm{e}^{-x}, & x\geqslant 0, \\ 0, & x<0, \end{cases}$$

求(1) $P(X\leqslant 1)$；(2) X 的概率密度.

解　(1) $P(X\leqslant 1)=F(1)=1-(1+1)\mathrm{e}^{-1}=0.264\,2.$

(2) $F'_-(0)=\lim\limits_{x\to 0^-}\frac{0-0}{x}=0,$

$$F'_{+}(0)=\lim_{x\to 0^{+}}\mathrm{e}^{-x}(1+x-1)=\lim_{x\to 0^{+}}x\mathrm{e}^{-x}=0.$$

$$f(x)=F'(x)=\begin{cases}x\mathrm{e}^{-x}, & x\geqslant 0,\\ 0, & x<0.\end{cases}$$

15. 设随机变量 X 的密度函数为

$$f(x)=\begin{cases}k\mathrm{e}^{x}, & x<0,\\ \dfrac{1}{2\mathrm{e}^{x}}, & x\geqslant 0,\end{cases}$$

求(1)常数 k 的值;(2)随机变量 X 的分布函数 $F(x)$; (3) $P(-5<X<10)$.

解 $1=k\int_{-\infty}^{0}\mathrm{e}^{x}\mathrm{d}x+\dfrac{1}{2}\int_{0}^{+\infty}\mathrm{e}^{-x}\mathrm{d}x=k+\dfrac{1}{2},\ k=\dfrac{1}{2}.$

$$F(x)=\begin{cases}\dfrac{1}{2}\int_{-\infty}^{x}\mathrm{e}^{t}\mathrm{d}t=\dfrac{\mathrm{e}^{x}}{2}, & x<0,\\ \dfrac{1}{2}\left(\int_{-\infty}^{0}\mathrm{e}^{x}\mathrm{d}x+\int_{0}^{x}\mathrm{e}^{-t}\mathrm{d}t\right)=1-\dfrac{1}{2\mathrm{e}^{x}}, & x\geqslant 0,\end{cases}$$

$$P(-5<X<10)=F(10)-F(-5)=1-\frac{1}{2}(\mathrm{e}^{-10}+\mathrm{e}^{-5}).$$

16. 设随机变量 X 的概率密度为

$$f(x)=\begin{cases}\lambda\mathrm{e}^{-\lambda x}, & x\geqslant 0,\\ 0, & x<0\end{cases}\quad(\text{常数 }\lambda>0).$$

求(1) $P\left(X\leqslant\dfrac{1}{\lambda}\right)$; (2)常数 C,使 $P(X>C)=\dfrac{1}{2}$.

解 (1) $P\left(X\leqslant\dfrac{1}{\lambda}\right)=\int_{0}^{\frac{1}{\lambda}}\lambda\mathrm{e}^{-\lambda x}\mathrm{d}x=\mathrm{e}^{-\lambda x}\Big|_{\frac{1}{\lambda}}^{0}=1-\dfrac{1}{\mathrm{e}}\approx 0.632.$

(2) $\int_{C}^{+\infty}\lambda\mathrm{e}^{-\lambda x}\mathrm{d}x=\mathrm{e}^{-\lambda x}\Big|_{+\infty}^{C}=\dfrac{1}{2},\ \mathrm{e}^{-\lambda C}=\dfrac{1}{2}=\mathrm{e}^{-\ln 2}$,得 $C=\dfrac{1}{\lambda}\ln 2.$

17. 设随机变量 $X\sim u(-a,a)$,其中 $a>1$,试分别确定满足下列关系的常数 a.

(1) $P(X>1)=\dfrac{1}{3}$; (2) $P(|X|<1)=P(|X|>1)$.

解　由题意可得

$$(1)\ f(x)=\begin{cases}\dfrac{1}{2a}, & -a<x<a,\\ 0, & |x|\geqslant a,\end{cases}$$

$$P(X>1)=\frac{1}{2a}\int_1^a \mathrm{d}x=\frac{a-1}{2a}=\frac{1}{3},$$

所以 $a=3$.

$$(2)\ P(|X|<1)=\frac{2}{2a}=\frac{1}{a},$$

$$P(|X|>1)=1-P(|X|\leqslant 1)=1-\frac{1}{a}.$$

因为　$P(|X|<1)=P(|X|>1)$，$\dfrac{1}{a}=1-\dfrac{1}{a}$，

所以 $a=2$.

18. 设随机变量 $X\sim u(0,5)$，求 $P(X>4)$.

解　$f(x)=\begin{cases}\dfrac{1}{5}, & 0<x<5,\\ 0, & \text{其他},\end{cases}$　　$P(X>4)=\dfrac{5-4}{5}=\dfrac{1}{5}.$

19. 设随机变量 $X\sim B(2,p)$，$Y\sim B(3,p)$，若 $P(X\geqslant 1)=\dfrac{5}{9}$，求 $P(Y\geqslant 1)$.

解　因为

$$P(X\geqslant 1)=1-P(X=0)=1-(1-p)^2=\frac{5}{9},\quad 1-p=\frac{2}{3},$$

所以

$$P(Y\geqslant 1)=1-P(Y=0)=1-(1-p)^3=1-\frac{8}{27}=\frac{19}{27}.$$

20. 设一个人在一年内感冒的次数服从参数 $\lambda=5$ 的泊松分布，现有一种预防感冒的药，它可将30%的人的参数 λ 降为1(疗效显著)；可将45%的人的参数 λ 降为4(疗效一般)；而对其余25%的人则是无效的. 现某人服用此药一年，在这一年中他得了3次感冒，求此药对他“疗效显著”的概率.

解　设事件 $B=$“此人在一年中得了3次感冒”，$A_1=$“该药疗效显著”，$A_2=$

"该药疗效一般", A_3 ="该药疗无效".

$$P(A_1)=0.30,\quad P(A_2)=0.45,\quad P(A_3)=0.25,$$

$$P(B\mid A_1)=\frac{1^3 e^{-1}}{3!},\quad P(B\mid A_2)=\frac{4^3 e^{-4}}{3!},\quad P(B\mid A_3)=\frac{5^3 e^{-5}}{3!}.$$

由逆概公式得

$$P(A_1\mid B)=\frac{P(A_1)P(B\mid A_1)}{P(A_1)P(B\mid A_1)+P(A_2)P(B\mid A_2)+P(A_3)P(B\mid A_3)}$$
$$=0.130\,1.$$

21. 设随机变量 $X\sim N(3,\ 2^2)$,

(1) 求 $P(2<X\leqslant 5)$, $P(-4<X<10)$, $P(X>3)$, $P(|X|>2)$;

(2) 确定常数 C, 使 $P(X\leqslant C)=P(X>C)$, 并用图形说明其意义;

(3) 求 a, 使 $P(|X-a|>a)=0.1$.

解 (1) $P(2\leqslant X\leqslant 5)\approx\Phi\left(\frac{5-3}{2}\right)-\Phi\left(\frac{2-3}{2}\right)=\Phi(1)-\Phi(-0.5)$

$$=\Phi(1)+\Phi(0.5)-1\approx 0.841\,3+0.691\,5-1$$
$$=0.532\,8.$$

$$P(-4<X<10)\approx\Phi\left(\frac{10-3}{2}\right)-\Phi\left(\frac{-4-3}{2}\right)=2\Phi(3.5)-1$$
$$\approx 2\times 1-1=1.$$

$$P(X>3)=1-P(X\leqslant 3)=1-\Phi(0)=0.5.$$

$$P(|X|>2)=1-P(|X|\leqslant 2)=1-P(-2\leqslant X\leqslant 2)$$
$$\approx 1-\Phi\left(\frac{2-3}{2}\right)+\Phi\left(\frac{-2-3}{2}\right)$$
$$=1-\Phi(-0.5)+\Phi(-2.5)$$
$$=1+\Phi(0.5)-\Phi(2.5)\approx 1+0.691\,5-0.994\,6$$
$$=0.696\,9.$$

(2) 由 $P(X\leqslant C)=P(X>C)=1-P(X\leqslant C)$, 则 $P(X\leqslant C)=\frac{1}{2}$.

即 $\Phi\left(\frac{C-3}{2}\right)=0.5$, 得 $\frac{C-3}{2}=0$, 所以 $C=3$.

(3) 由

$$P(|X-a|>a)=1-P(|X-a|\leqslant a)=1-P(0\leqslant X\leqslant 2a)$$
$$\approx 1-\Phi\left(\frac{2a-3}{2}\right)+\Phi\left(\frac{0-3}{2}\right)$$
$$\approx 1-\Phi\left(\frac{2a-3}{2}\right)+0.0668\approx 0.1,$$

得 $\Phi\left(\frac{2a-3}{2}\right)=0.9668$，故 $\frac{2a-3}{2}=1.835$，$a=3.335$.

22. 某地抽样调查考生的英语成绩为随机变量 $X\sim N(72,\sigma^2)$，其中 96 分以上的占考生总数的 2.3%. 试求考生的英语成绩在 60～84 分的概率.

解　由题意知 $P(X>96)=2.3\%$，则

$$P(X>96)\approx 1-\Phi\left(\frac{96-72}{\sigma}\right)=0.023,\quad \Phi\left(\frac{24}{\sigma}\right)=0.977,$$

查表得 $\frac{24}{\sigma}\approx 2$，$\sigma\approx 12$，即 $X\sim N(72,12^2)$，所求概率为

$$P(60\leqslant X\leqslant 84)\approx\Phi\left(\frac{84-72}{12}\right)-\Phi\left(\frac{60-72}{12}\right)=2\Phi(1)-1\approx 0.6826.$$

23. 某加工过程，若采用甲种工艺条件，则完成时间 $X\sim N(40,8^2)$；若采用乙种工艺条件，则完成时间 $Y\sim N(50,4^2)$（单位：h）.

(1) 若允许在 60 h 内完成，应选何种工艺条件？

(2) 若只允许在 50 h 内完成，应选何种工艺条件？

解　(1) 需计算两种工艺条件下，$P(0<X\leqslant 60)$ 与 $P(0<Y\leqslant 60)$ 的值，选择结果大的工艺. 当 $\mu=40$，$\sigma=8$ 时，有

$$P(0<X\leqslant 60)\approx\Phi\left(\frac{60-40}{8}\right)-\Phi\left(\frac{0-40}{8}\right)\approx 0.9938;$$

当 $\mu=50$，$\sigma=4$ 时，有

$$P(0\leqslant Y\leqslant 60)\approx\Phi\left(\frac{60-50}{4}\right)-\Phi\left(\frac{0-50}{4}\right)\approx\Phi(2.5)\approx 0.9938.$$

所以，若允许在 60 h 内完成两种工艺条件选哪种都可以.

(2) 同法可计算，当 $\mu=40$，$\sigma=8$ 时，有

$$P(0 \leqslant X \leqslant 50) \approx \Phi\left(\frac{50-40}{8}\right)-\Phi\left(\frac{0-40}{8}\right) \approx \Phi(1.25) \approx 0.8944;$$

当 $\mu = 50$, $\sigma = 4$ 时,有

$$P(0 \leqslant Y \leqslant 50) \approx \Phi\left(\frac{50-50}{4}\right)-\Phi\left(\frac{0-50}{4}\right) = 0.5.$$

所以,若允许在 50 h 内完成应选第一种工艺条件.

24. 设某批零件的长度 $X \sim N(\mu, \sigma^2)$,今从这批零件中任取 5 个,求正好有 2 个零件长度大于 μ 的概率.

解 设取得长度大于 μ 的个数为 Y,由题意知 $Y \sim B(5, p)$,设在这批零件中任取一个长度大于 μ 的概率为 p,则

$$p = P(X > \mu) = 1 - P(X \leqslant \mu) \approx 1 - \Phi\left(\frac{\mu - \mu}{\sigma}\right) = 1 - \Phi(0) = 0.5,$$

故 $$P(Y = 2) = C_5^2 p^2 (1-p)^3 = \frac{5 \times 4}{2!} \times \left(\frac{1}{2}\right)^2 \times \left(\frac{1}{2}\right)^3 \approx 0.3125.$$

25. 某电子元件的寿命 X(单位: h) 服从正态分布, $X \sim N(300, 35^2)$,求

(1) 电子元件的寿命在 250 h 以上的概率;

(2) 求常数 k,使得电子元件寿命在 $300 \pm k$ 之间的概率为 0.9.

解 (1) $$P(X > 250) = 1 - P(X \leqslant 250) \approx 1 - \Phi\left(\frac{250-300}{35}\right) \approx \Phi(1.429) \approx 0.9236.$$

(2) $$P(300 - k < X < 300 + k) \approx \Phi\left(\frac{k}{35}\right) - \Phi\left(\frac{-k}{35}\right) = 2\Phi\left(\frac{k}{35}\right) - 1 \approx 0.9,$$

$$\Phi\left(\frac{k}{35}\right) = 0.95, \quad \frac{k}{35} = 1.645, \quad k = 57.58 \approx 58.$$

26. 某地区的月降水量为 X(单位: mm), $X \sim N(40, 4^2)$,求从 1 月起连续 10 个月的月降水量都不超过 50 mm 的概率.

解 $$P(X \leqslant 50) \approx \Phi\left(\frac{50-40}{4}\right) = \Phi(2.5) \approx 0.9938,$$

所以连续 10 个月的月降水量都不超过 50 mm 的概率为

$$p = 0.9938^{10} \approx 0.9396.$$

27. 已知随机变量 $X\sim N(0,1)$，求随机变量 $Y=aX+b$, $a\neq 0$ 的概率密度.

解　因为 $f(x)=\frac{1}{\sqrt{2\pi}}\mathrm{e}^{-\frac{x^2}{2}}$, $-\infty<x<+\infty$, $y=ax+b$ 是单调函数,其反函数是

$$x=h(y)=\frac{y-b}{a},\quad -\infty<y<+\infty,\quad \frac{\mathrm{d}x}{\mathrm{d}y}=h'(y)=\frac{1}{a},$$

故 Y 的密度函数为

$$f(y)=f[h(y)]\cdot|h'(y)|=\frac{1}{\sqrt{2\pi}}\mathrm{e}^{-\frac{1}{2}\left(\frac{y-b}{a}\right)^2}\left|\frac{1}{a}\right|,\ -\infty<y<+\infty.$$

28. 已知离散型随机变量 X 的分布律为

X	0	$\frac{\pi}{2}$	π
p_k	$\frac{1}{4}$	$\frac{1}{2}$	$\frac{1}{4}$

求下列函数的分布律. (1) $Y=2X-\pi$; (2) $Y=\sin X$.

解　(1) $X=0$, $Y=-\pi$; $X=\frac{\pi}{2}$, $Y=0$; $X=\pi$, $Y=\pi$,

$$P(Y=-\pi)=P(X=0)=\frac{1}{4},\quad P(Y=0)=P\left(X=\frac{\pi}{2}\right)=\frac{1}{2},$$

$P(Y=\pi)=P(X=\pi)=\frac{1}{4}$. 即

Y	$-\pi$	0	π
p_k	$\frac{1}{4}$	$\frac{1}{2}$	$\frac{1}{4}$

(2) 同理可得 $X=0$, $Y=0$; $X=\frac{\pi}{2}$, $Y=1$; $X=\pi$, $Y=0$. 即

Y	0	1
p_k	$\frac{1}{4}+\frac{1}{4}$	$\frac{1}{2}$

29. 设随机变量 $X \sim U(-1,1)$，求 $Y=X^2$ 的分布函数 $F_Y(y)$ 与概率密度 $f_Y(y)$.

解 因为 $f(x)=\begin{cases}\dfrac{1}{2}, & -1<x<1,\\ 0, & 其他,\end{cases}$ $y=g(x)=x^2$,

$F_Y(y)=\int_{x^2<y} f_X(x)\mathrm{d}x.$

当 $y<0$ 时，$F_Y(y)=0$，$F_Y(y)=0$；当 $y\geqslant 1$ 时，$F_Y(y)=1$；

当 $0\leqslant y<1$ 时，$F_Y(y)=\dfrac{1}{2}\int_{-\sqrt{y}}^{\sqrt{y}}\mathrm{d}x=\sqrt{y}$.

所以 $f_Y(y)=F'_Y(y)=\begin{cases}\dfrac{1}{2\sqrt{y}}, & 0<y<1,\\ 0, & 其他.\end{cases}$

30. 设随机变量 X 的概率密度为

$$f_X(x)=\begin{cases}2(1-x), & 0<x<1,\\ 0, & 其他,\end{cases}$$

求随机变量 Y 的密度函数 $f_Y(y)$. (1) $Y=3X$; (2) $Y=3-X$; (3) $Y=X^2$.

解 (1) 因为 $y=3x$，$0<x<1$，所以 $x=\dfrac{y}{3}$，$0<y<3$，$x'=\dfrac{1}{3}$.

$$f_Y(y)=\begin{cases}\dfrac{2}{3}\left(1-\dfrac{y}{3}\right), & 0<y<3,\\ 0, & 其他,\end{cases}$$

即

$$f_Y(y)=\begin{cases}\dfrac{2}{9}(3-y), & 0<y<3,\\ 0, & 其他.\end{cases}$$

(2) 因为 $y=3-x$，$0<x<1$，所以 $x=3-y$，$2<y<3$，$x'=-1$.

$$f_Y(y)=\begin{cases}2[1-(3-y)]\times 1, & 2<y<3,\\ 0, & 其他,\end{cases}$$

即

$$f_Y(y)=\begin{cases}2(y-2), & 2<y<3,\\ 0, & 其他.\end{cases}$$

(3) 因为 $y = x^2$, $0 < x < 1$, 所以 $x = \sqrt{y}$, $0 < y < 1$, $x' = \dfrac{1}{2\sqrt{y}}$.

$$f_Y(y) = \begin{cases} 2(1-\sqrt{y})\dfrac{1}{2\sqrt{y}}, & 0 < y < 1, \\ 0, & \text{其他}, \end{cases}$$

即
$$f_Y(y) = \begin{cases} \dfrac{1}{\sqrt{y}} - 1, & 0 < y < 1, \\ 0, & \text{其他}. \end{cases}$$

31. 设随机变量 X 的概率密度为

$$f_X(x) = \frac{1}{\pi(1+x^2)} \quad (-\infty < x < +\infty),$$

求随机变量 Y 的密度函数 $f_Y(y)$. (1) $Y = \arctan X$; (2) $Y = 1 - \sqrt[3]{X}$.

解 (1) 因为 $y = \arctan x$, $-\infty < x < +\infty$, 所以

$$x = \tan y, \quad -\frac{\pi}{2} < y < \frac{\pi}{2}, \quad x' = \sec^2 y.$$

$$f_Y(y) = \begin{cases} \dfrac{1}{\pi(1+\tan^2 y)}\sec^2 y, & -\dfrac{\pi}{2} < y < \dfrac{\pi}{2}, \\ 0, & \text{其他}, \end{cases}$$

即
$$f_Y(y) = \begin{cases} \dfrac{1}{\pi}, & -\dfrac{\pi}{2} < y < \dfrac{\pi}{2}, \\ 0, & \text{其他}. \end{cases}$$

(2) 因为 $y = 1 - \sqrt[3]{x}$, $-\infty < x < +\infty$, 所以

$$x = (1-y)^3, \quad -\infty < y < +\infty,$$
$$x' = -3(1-y)^2.$$
$$f(y) = \frac{3(1-y)^2}{\pi[1+(1-y)^6]}, \quad -\infty < y < +\infty.$$

32. 设随机变量 X 的概率密度为

$$f_X(x) = \begin{cases} \dfrac{2}{\pi(1+x^2)}, & x > 0, \\ 0, & x \leqslant 0, \end{cases}$$

求随机变量 $Y=\ln X$ 的密度函数 $f_Y(y)$.

解 因为 $y=\ln x$, $x>0$, 所以 $x=e^y$, $-\infty<y<+\infty$, $x'=e^y$.

$$f_Y(y)=\frac{2e^y}{\pi(1+e^{2y})},\quad -\infty<y<+\infty.$$

33. 设随机变量 X 的概率密度为

$$f_X(x)=\begin{cases}\frac{1}{8}(x+2), & -2<x<2,\\ 0, & \text{其他},\end{cases}$$

且 $Y=X^2$, 求 Y 的概率密度 $f_Y(y)$.

解 $Y=X^2$, $-2<X<2$, $0<Y<4$.

$$F_Y(y)=P(X^2<y)=P(-\sqrt{y}<X<\sqrt{y})=\frac{1}{8}\int_{-\sqrt{y}}^{\sqrt{y}}(x+2)\mathrm{d}x,$$

$$f_Y(y)=F'_Y(y)=\begin{cases}\frac{1}{4\sqrt{y}}, & 0<y<4,\\ 0, & \text{其他}.\end{cases}$$

34. 已知随机变量 X 的概率密度为

$$f(x)=\begin{cases}ax+1, & 0<x<2,\\ 0, & \text{其他},\end{cases}$$

求(1) a 的值;(2) X 的分布函数 $F(x)$; (3) $P(1<X<3)$; (4) $Y=X^2$ 的概率密度.

解 (1) $1=\int_0^2(ax+1)\mathrm{d}x=\left.\frac{(ax+1)^2}{2a}\right|_0^2=\frac{4a^2+4a}{2a}$, $a=-\frac{1}{2}$.

(2) $$F(x)=\begin{cases}0, & x\leqslant 0,\\ \int_0^x\left(1-\frac{x}{2}\right)\mathrm{d}x=x-\frac{x^2}{4}, & 0<x<2,\\ 1, & x\geqslant 2.\end{cases}$$

(3) $P(1<X<3)=F(3)-F(1)=\frac{1}{4}$.

(4) $x=\sqrt{y}$, $x'=\frac{1}{2\sqrt{y}}$, $0<y<4$, $f_Y(y)=\begin{cases}\frac{1}{2\sqrt{y}}-\frac{1}{4}, & 0<y<4,\\ 0, & \text{其他}.\end{cases}$

35. 设随机变量$Y \sim E\left(\frac{1}{2}\right)$，求关于$x$的方程$x^2+Yx+2Y=3$没有实根的概率.

解 因为$f(y)=\begin{cases}\frac{1}{2}\mathrm{e}^{-\frac{1}{2}y}, & y>0,\\ 0, & 其他,\end{cases}$ $x^2+Yx+2Y=3$没有实根的充分必要条件为$\Delta<0$，即$Y^2-8Y+12<0$，有$(Y-2)(Y-6)<0$，得$2<Y<6$，所以所求概率为

$$P(2<Y<6)=\int_6^2 \mathrm{e}^{-\frac{y}{2}}\mathrm{d}\left(-\frac{y}{2}\right)=\mathrm{e}^{-1}-\mathrm{e}^{-3}.$$

2.4 同步练习题及答案

一、填空题

1. 设随机变量X的分布律$P(X=k)=C\frac{\lambda^k}{k!}$，$k=0, 1, 2, \cdots, \lambda>0$. 则$C=$________；$P\left(\frac{1}{2}\leqslant X\leqslant\frac{5}{2}\right)=$________.

2. 若$P(X>x_1)=1-\alpha$，$P(X\leqslant x_2)=1-\beta$，其中$x_1<x_2$，则$P(x_1<X\leqslant x_2)=$________.

3. 设随机变量$X\sim\pi(\lambda)$，且$P(X=0)=\frac{1}{3}$，则$\lambda=$________.

4. 设连续型随机变量$X\sim N(1, 4)$，则$\frac{X-1}{2}\sim$________.

5. 设X为连续型随机变量，其概率密度为$f(x)=\begin{cases}kx^3, & 0<x<2,\\ 0, & 其他,\end{cases}$ 则$k=$________；$P(1<X<2)=$________.

6. (1) 设随机变量X的分布律$P(X=k)=\frac{a}{3^k}$，$k=0, 1, 2, \cdots$，则$a=$________；

(2) 设随机变量X的分布律$P(X=k)=a\mathrm{e}^{-k}$，$k=0, 1, 2, \cdots$，则$a=$________.

7. 已知$f(x)=k\mathrm{e}^{-|x|}$，$|x|<+\infty$，则$k=$________.

8. 已知$F(x)=a+b\arctan x$，$-\infty<x<+\infty$，则$a=$________；$b=$________.

9. 随机变量 $X \sim U(1, 3)$，则 $P(X > 2) =$ ________.

10. 连续型随机变量 X 的分布函数为 $F(x) = \begin{cases} 0, & x < 0, \\ kx^2, & 0 \leqslant x < 1, \\ 1, & x \geqslant 1, \end{cases}$ 则 $k =$ ________；$P(0.3 < X < 0.7) =$ ________.

11. 已知连续型随机变量 X 的分布函数为 $F(x) = \begin{cases} \dfrac{e^x}{2}, & x < 0, \\ \dfrac{x+1}{2}, & 0 \leqslant x < 1, \\ 1, & x \geqslant 1, \end{cases}$ 则 X 概率密度为 $f(x) =$ ________.

12. 设随机变量 X 的分布函数为 $F(x) = \begin{cases} 0, & x < -1, \\ 0.4, & -1 \leqslant x < 1, \\ 0.8, & 1 \leqslant x < 3, \\ 1, & x \geqslant 3, \end{cases}$ 则 X 的分布律为________.

二、计算题

1. 盒中有 12 个零件，其中 2 个次品，10 个正品. 现从盒中任取 3 个，求取出的 3 个中所含次品数 X 的分布律.

2. 已知离散型随机变量 X 的分布律为

X	0	1	2	3	4	5
p_k	$\frac{1}{16}$	$\frac{3}{16}$	$\frac{4}{16}$	$\frac{4}{16}$	$\frac{3}{16}$	$\frac{1}{16}$

求 $P(X \leqslant 2)$，$P(0.3 < X < 3)$，$P(2 \leqslant X \leqslant 3)$.

3. 电子线路中装有两个并联的继电器，这两个继电器彼此独立是否接通具有随机性，每个继电器接通的概率为 0.8，设 X 为线路中接通的继电器的个数，求 (1) X 的分布律及分布函数；(2) 线路接通的概率.

4. 设 5 件产品其中有 2 件次品，3 件正品. 从中任取 2 件，用 X 表示其中次品的件数，求 (1) 随机变量 X 的分布律；(2) 随机变量 X 的分布函数；(3) $P\left(X \leqslant \dfrac{1}{2}\right)$，$P\left(1 < X \leqslant \dfrac{3}{2}\right)$.

5. 商店订购 1 000 瓶啤酒，在运输途中瓶子被打碎的概率为 0.004，求商店收到的啤酒瓶中(1) 恰有 2 瓶被打碎的概率;(2)多于 2 瓶被打碎的概率.

6. 设连续型随机变量 X 的概率密度为 $f(x)=\begin{cases}ke^{-3x}, & x>0,\\ 0, & x\leqslant 0,\end{cases}$ 试确定常数 k，并求 $P(X>1)$.

7. 随机变量 X 的分布函数为 $F(x)=\begin{cases}0, & x<0,\\ \dfrac{1}{2}, & 0\leqslant x<1,\\ 1-e^{-x}, & x\geqslant 1,\end{cases}$ 求 $P(X=1)$.

8. 设连续型随机变量 X 的概率密度为 $f(x)=\begin{cases}k\cos x, & |x|\leqslant\dfrac{\pi}{2},\\ 0, & 其他,\end{cases}$ 求

(1) 常数 k 及分布函数 $F(x)$；(2) $P\left(0<X<\dfrac{\pi}{4}\right)$.

9. 设连续型随机变量 X 的概率密度为 $f(x)=\begin{cases}\dfrac{k}{\sqrt{1-x^2}}, & |x|<1,\\ 0, & |x|\geqslant 1,\end{cases}$ 求

(1) 常数 k 及分布函数 $F(x)$；(2) $P\left(|X|<\dfrac{1}{2}\right)$.

10. 设随机变量 X 的密度函数 $f(x)=\begin{cases}x, & 0\leqslant x<1,\\ 2-x, & 1\leqslant x<2,\\ 0, & 其他,\end{cases}$ 求 $P\left(X\geqslant\dfrac{1}{2}\right)$, $P\left(\dfrac{1}{2}<X<\dfrac{3}{2}\right)$.

11. 设连续型随机变量的概率密度为 $f(x)=\begin{cases}ax, & 0\leqslant x<1,\\ b-ax, & 1\leqslant x<2,\\ 0, & 其他,\end{cases}$ 且 $P(1<X<2)=3P(0<X<1)$，试求常数 a 和 b 的值.

12. 某型号电子管其寿命(单位: h)为一随机变量，概率密度函数为

$$f(x)=\begin{cases}\dfrac{100}{x^2}, & x\geqslant 100,\\ 0, & 其他,\end{cases}$$

某一电子设备内配有 3 个这样的电子管，当其中一个电子管损坏时，该电子设备即

不能正常运行.求电子设备使用 150 h 都不需要更换电子管的概率.

13. 设随机变量 X 的分布函数为 $F(x)=\begin{cases}a+be^{-\frac{x^2}{2}}, & x>0,\\ 0, & x\leqslant 0,\end{cases}$ 求

(1) 常数 a, b; (2) $P(1<X<2)$.

14. 已知从某批材料中任取一件时,取得的这件材料的强度为 X,且 $X\sim N(200, 18^2)$.

(1) 计算取得的这件材料的强度不低于 180 的概率;

(2) 如果所用的材料要求以 99% 的概率保证强度不低于 150,问这批材料是否符合这个要求.

15. 设 $X\sim N(1.5, 4)$,求 $P(X<3.5)$, $P(X<-4)$, $P(X>2)$, $P(|X|<3)$.

16. 已知某人群的个人体重(单位:kg)$X\sim N(55, 100)$,求 $P(45\leqslant X\leqslant 65)$, $P(X>85)$.

17. 设 $X\sim U(2, 5)$,现对 X 做 3 次独立观测,求至少有 2 次观测值大于 3 的概率.

18. 已知随机变量 X 的分布律为

X	0	1	2	3	4	5
p_k	$\frac{1}{12}$	$\frac{1}{6}$	$\frac{1}{3}$	$\frac{1}{12}$	$\frac{2}{9}$	$\frac{1}{9}$

求下列随机变量函数的分布律(1) $Y=2X+1$; (2) $Y=(X-2)^2$.

19. 设随机变量 X 在区间 $[1, 2]$ 上服从均匀分布,求 $Y=e^{2X}$ 的概率密度 $f(y)$.

20. 设随机变量 X 的密度函数 $f(x)=\begin{cases}2x, & 0\leqslant x\leqslant 1,\\ 0, & \text{其他},\end{cases}$ 求 $Y=3X+1$ 的密度函数 $f(y)$.

21. 设随机变量 X 的概率密度为 $f(x)=\begin{cases}3e^{-3x}, & x>0,\\ 0, & x\leqslant 0,\end{cases}$ 求

(1) $P(-1<X<4)$; (2) X 的分布函数 $F(x)$; (3) $Y=X^2$ 的概率密度 $f(y)$.

22. 设随机变量 X 的概率密度为 $f(x)=\begin{cases}\dfrac{1}{3\sqrt[3]{x^2}}, & 1\leqslant x\leqslant 8,\\ 0, & \text{其他},\end{cases}$ $F(x)$ 是 X 的分布函数. 求随机变量 $Y=F(X)$ 的分布函数.

答 案

一、填空题

1. $e^{-\lambda}$；$\left(1+\dfrac{\lambda}{2}\right)\lambda e^{-\lambda}$. **2.** $1-\alpha-\beta$. **3.** $\ln 3$. **4.** $N(0, 1)$. **5.** $\dfrac{1}{4}$；$\dfrac{15}{16}$.

6. $\dfrac{2}{3}$；$1-\dfrac{1}{e}$. **7.** $\dfrac{1}{2}$. **8.** $\dfrac{1}{2}$；$\dfrac{1}{\pi}$. **9.** $\dfrac{1}{2}$. **10.** 1；0.4.

11. $f(x)=\begin{cases}\dfrac{e^x}{2}, & x<0,\\ \dfrac{1}{2}, & 0\leqslant x<1,\\ 0, & x\geqslant 1.\end{cases}$

12.

X	-1	1	3
p_k	0.4	0.4	0.2

二、计算题

1. 解

X	0	1	2
p_k	$\dfrac{6}{11}$	$\dfrac{9}{22}$	$\dfrac{1}{22}$

2. 解

$$P(X\leqslant 2)=\frac{1+3+4}{16}=\frac{1}{2},$$

$$P(0.3<X<3)=\frac{3+4}{16}=\frac{7}{16},$$

$$P(2\leqslant X\leqslant 3)=\frac{4+4}{16}=\frac{1}{2}.$$

3. 解 设事件 $A_k=$“第 k 个继电器接通”$(k=0, 1, 2)$，$P(A_1)=P(A_2)=0.8$，

(1) $P(X=0)=P(\bar{A}_1)P(\bar{A}_2)=0.2^2=0.04$；

$P(X=1)=P(\bar{A}_1A_2)+P(A_1\bar{A}_2)=2\times 0.8\times 0.2=0.32$；

$P(X=2)=P(A_1)P(A_2)=0.8^2=0.64$，

得分布函数 $F(x)=\begin{cases}0, & x<0,\\ 0.4, & 0\leqslant x<1,\\ 0.36, & 1\leqslant x<2,\\ 1, & 2\leqslant x.\end{cases}$

（2）线路接通的概率为　$P(X\geqslant 1)=P(X=1)+P(X=2)=0.32+0.64=0.96.$

4. 解　（1）$P(X=0)=\dfrac{C_3^2}{C_5^2}=\dfrac{3}{10}$，$P(X=1)=\dfrac{C_2^1C_3^1}{C_5^2}=\dfrac{3}{5}$，$P(X=2)=\dfrac{C_2^2}{C_5^2}=\dfrac{1}{10}.$

X	0	1	2
p_k	$\frac{3}{10}$	$\frac{3}{5}$	$\frac{1}{10}$

（2）X 的分布函数 $F(x)=\begin{cases}0, & x<0,\\ 0.3, & 0\leqslant x<1,\\ 0.9, & 1\leqslant x<2,\\ 1, & x\geqslant 2.\end{cases}$

（3）$P\left(X\leqslant\dfrac{1}{2}\right)=F\left(\dfrac{1}{2}\right)=0.3$，

$$P\left(1<X\leqslant\frac{3}{2}\right)=F\left(\frac{3}{2}\right)-F(1)=0.9-0.9=0.$$

5. 解　设 X 为打碎的瓶子个数，则 $X\sim B(1\,000,\ 0.004)$，$\lambda=np=4$.

由泊松公式近似计算

（1）$P(X=2)=C_{1\,000}^2\,(0.004)^2\,(0.996)^{998}\approx\dfrac{4^2\cdot e^{-4}}{2!}\approx 0.146\,5$；

（2）$P(X\geqslant 3)=1-P(X\leqslant 2)\approx 1-\dfrac{4^0e^{-4}}{0!}-\dfrac{4e^{-4}}{1!}-\dfrac{4^2e^{-4}}{2!}\approx 0.761\,9.$

6. 解　$1=k\displaystyle\int_0^{+\infty}e^{-3x}dx=-\frac{k}{3}e^{-3x}\Big|_0^{+\infty}=\frac{k}{3}$，$k=3$，$f(x)=\begin{cases}3e^{-3x}, & 0<x,\\ 0, & x\leqslant 0.\end{cases}$

$$P(X>1)=1-P(X\leqslant 1)\approx 1-\int_{-\infty}^1 f(x)dx=1-\int_0^1 3e^{-3x}dx=e^{-3}\approx 0.049\,8.$$

7. 解　用分布函数表示某点的概率.

$P(X=1)=F(1)-F(1^-)=(1-e^{-1})-\dfrac{1}{2}=\dfrac{1}{2}-e^{-1}.$

8. 解　（1）$1=2k\displaystyle\int_0^{\frac{\pi}{2}}\cos x dx=2k\sin x\Big|_0^{\frac{\pi}{2}}=2k$，$k=\dfrac{1}{2}$，

$$f(x)=\begin{cases}\dfrac{\cos x}{2}, & |x|\leqslant\dfrac{\pi}{2},\\ 0, & \text{其他}；\end{cases}$$

$$F(x)=\begin{cases}0, & x<-\dfrac{\pi}{2},\\ \dfrac{(1+\sin x)}{2}, & -\dfrac{\pi}{2}\leqslant x<\dfrac{\pi}{2},\\ 1, & x\geqslant\dfrac{\pi}{2}.\end{cases}$$

(2) $P\left(0<X<\frac{\pi}{4}\right)=F\left(\frac{\pi}{4}\right)-F(0)=\frac{\sqrt{2}}{4}$.

9. 解　(1) $1=k\int_{-1}^{1}\frac{1}{\sqrt{1-x^2}}\mathrm{d}x=2k\arcsin x\Big|_0^1=k\pi,\ k=\frac{1}{\pi}$;

$$f(x)=\begin{cases}\dfrac{1}{\pi\sqrt{1-x^2}}, & |x|<1,\\ 0, & |x|\geqslant 1;\end{cases}$$

$$F(x)=\begin{cases}0, & x<-1,\\ \dfrac{1}{2}+\dfrac{\arcsin x}{\pi}, & -1\leqslant x<1,\\ 1, & x\geqslant 1.\end{cases}$$

(2) $P\left(|X|<\frac{1}{2}\right)=2F\left(\frac{1}{2}\right)-1=\frac{4}{3}-1=\frac{1}{3}$.

10. 解

$$P\left(X\geqslant\frac{1}{2}\right)=\int_{\frac{1}{2}}^{1}x\mathrm{d}x+\int_{1}^{2}(2-x)\mathrm{d}x=\frac{7}{8},$$

$$P\left(\frac{1}{2}<X<\frac{3}{2}\right)=)=\int_{\frac{1}{2}}^{1}x\mathrm{d}x+\int_{1}^{\frac{3}{2}}(2-x)\mathrm{d}x=\frac{3}{4}.$$

11. 解　由 $\int_{-\infty}^{+\infty}f(x)\mathrm{d}x=1$，即

$$a\int_0^1 x\mathrm{d}x+\int_1^2(b-ax)\mathrm{d}x=\frac{a}{2}+b-\frac{3a}{2}=b-a=1.$$

又由 $P(1<X<2)=3P(0<X<1)$，即

$$\int_1^2(b-ax)\mathrm{d}x=b-\frac{3a}{2}=3a\int_0^1 x\mathrm{d}x=\frac{3a}{2},$$

得 $b-3a=0$，从而 a，b 满足 $\begin{cases}b-a=1,\\ b-3a=0.\end{cases}$ 解得 $a=\frac{1}{2}, b=\frac{3}{2}$.

12. 解　设 X_i 表示第 i 个电子管的寿命，$i=1, 2, 3$，则

$$P(X_i>150)=1-100\int_{100}^{150}\frac{1}{x^2}\mathrm{d}x=\frac{2}{3}.$$

又设 Y 表示电子设备的寿命，则 $Y \sim B\left(3, \frac{2}{3}\right)$. 所求概率为

$$P(Y > 150) = \left(\frac{2}{3}\right)^3 = \frac{8}{27}.$$

13. 解 (1) $\lim\limits_{x \to +\infty} F(x) = 1 = \lim\limits_{x \to +\infty} (a + b\mathrm{e}^{-\frac{x^2}{2}}) = a$, $a = 1$.

又因为 $F(x)$ 对任意点 x 是右连续的，则有 $\lim\limits_{x \to 0^+} F(x) = a + b = F(0) = 0$，所以

$$b = -1,\ F(x) = \begin{cases} 1 - \mathrm{e}^{-\frac{x^2}{2}}, & x > 0, \\ 0, & x \leqslant 0; \end{cases}$$

(2) $P(1 < X < 2) = F(2) - F(1) = \mathrm{e}^{-\frac{1}{2}} - \mathrm{e}^{-2} \approx 0.4712$.

14. 解 (1) $P(X \geqslant 180) = 1 - P(X < 180) \approx 1 - \Phi\left(\frac{180 - 200}{18}\right) = 1 - \Phi(-1.11)$

$$= \Phi(1.11) = 0.8665;$$

(2) $P(X \geqslant 150) = 1 - P(X < 150) \approx 1 - \Phi\left(\frac{150 - 200}{18}\right) = 1 - \Phi(-2.78)$

$$= \Phi(2.78) = 0.9973 > 99\%.$$

所以这批材料符合提出的要求.

15. 解 $P(X < 3.5) \approx \Phi\left(\frac{3.5 - 1.5}{2}\right) = \Phi(1) \approx 0.8413$,

$$P(X < -4) \approx \Phi\left(\frac{-4 - 1.5}{2}\right) = \Phi(-2.75) = 1 - \Phi(2.75) \approx 1 - 0.997 = 0.003,$$

$$P(X > 2) = 1 - P(X \leqslant 2) \approx 1 - \Phi\left(\frac{2 - 1.5}{2}\right) = 1 - \Phi(0.25)$$

$$\approx 1 - 0.5987 = 0.4013,$$

$$\begin{aligned} P(|X| < 3) &= P(-3 < X < 3) \approx \Phi\left(\frac{3 - 1.5}{2}\right) - \Phi\left(\frac{-3 - 1.5}{2}\right) \\ &= \Phi(0.75) - \Phi(-2.25) = \Phi(0.75) - 1 + \Phi(2.25) \\ &\approx 0.7734 - 1 + 0.9878 = 0.7612. \end{aligned}$$

16. 解 $P(45 \leqslant X \leqslant 65) \approx \Phi\left(\frac{65 - 55}{10}\right) - \Phi\left(\frac{45 - 55}{10}\right) = 2\Phi(1) - 1 \approx 0.6828$,

$$P(X > 85) \approx 1 - \Phi\left(\frac{85 - 55}{10}\right) = 1 - \Phi(3) \approx 1 - 0.9987 = 0.0013.$$

17. 解 $p = P(X > 3) = 1 - P(X \leqslant 3) = 1 - F(3) = 1 - \frac{3 - 2}{5 - 2} = \frac{2}{3}$.

对 X 所做 3 次独立观测中，观测值大于 3 的次数 $Y \sim B\left(3, \frac{2}{3}\right)$，于是所求概率为

$$P(Y=k)=C_3^k\left(\frac{2}{3}\right)^k\left(\frac{1}{3}\right)^{3-k},\ k=0,1,2,3;$$

$$P(Y\geqslant 2)=1-P(Y=0)-P(Y=1)=1-\left(\frac{1}{3}\right)^3-3\,\frac{2}{3}\left(\frac{1}{3}\right)^2=\frac{20}{27}.$$

18. 解　(1)

$Y=2X+1$	1	3	5	7	9	11
p_k	$\frac{1}{12}$	$\frac{1}{6}$	$\frac{1}{3}$	$\frac{1}{12}$	$\frac{2}{9}$	$\frac{1}{9}$

(2) 因为 Y 的可能取值为 4, 1, 0, 1, 4, 9, 并有

$$P(Y=0)=P(X=2)=\frac{1}{3},$$

$$P(Y=1)=P(X=1)+P(X=3)=\frac{1}{6}+\frac{1}{12}=\frac{1}{4},$$

$$P(Y=4)=P(X=0)+P(X=4)=\frac{1}{12}+\frac{2}{9}=\frac{11}{36},$$

$$P(Y=9)=P(X=5)=\frac{1}{9}.$$

$Y=(X-2)^2$	0	1	4	9
p_k	$\frac{1}{3}$	$\frac{1}{4}$	$\frac{11}{36}$	$\frac{1}{9}$

19. 解　X 的概率密度为 $f(x)=\begin{cases}1, & 1\leqslant x\leqslant 2,\\ 0, & 其他,\end{cases}$　$y=e^{2x}$,　$y'=2e^{2x}>0$,

$x=\frac{1}{2}\ln y$,　$\frac{dx}{dy}=\frac{1}{2y}$,　$e^2\leqslant y\leqslant e^4$.

所以 $Y=e^{2X}$ 的概率密度为 $f(y)=\begin{cases}\frac{1}{2y}, & e^2\leqslant y\leqslant e^4,\\ 0, & 其他.\end{cases}$

20. 解　$y=3x+1$, $x=\frac{y-1}{3}$, $\frac{dx}{dy}=\frac{1}{3}$, $1\leqslant y\leqslant 4$,

$$f(y)=\begin{cases}\frac{2(y-1)}{9}, & 1\leqslant y\leqslant 4,\\ 0, & 其他.\end{cases}$$

21. 解　(1) $P(-1<X<4)=\int_0^4 3e^{-3x}dx=-e^{-3x}\Big|_0^4=1-e^{-12}$;

(2) $F(x)=\begin{cases}0, & x\leqslant 0,\\ \int_0^x 3\mathrm{e}^{-3x}\mathrm{d}x=1-\mathrm{e}^{-3x}, & x>0;\end{cases}$

(3) $Y=X^2$, $X=\sqrt{Y}$, $\dfrac{\mathrm{d}x}{\mathrm{d}y}=\dfrac{1}{2\sqrt{y}}$, $y>0$, $f(y)=\begin{cases}\dfrac{3}{2\sqrt{y}}\mathrm{e}^{-3\sqrt{y}}, & y>0,\\ 0, & y\leqslant 0.\end{cases}$

22. 解 当 $x<1$ 时，$F(x)=0$；当 $x\geqslant 8$ 时，$F(x)=1$；

当 $1\leqslant x<8$ 时，$F(x)=P(X\leqslant x)=\int_{-\infty}^{x}f(t)\mathrm{d}t=\dfrac{1}{3}\int_1^x t^{-\frac{2}{3}}\mathrm{d}t=\sqrt[3]{t}\Big|_1^x=\sqrt[3]{x}-1.$

设 $G(y)$ 为函数变量 $Y=F(X)$ 的分布函数，

当 $y<0$ 时，$G(y)=0$；当 $y>1$ 时，$G(y)=1$；

当 $0<y<1$ 时，$G(y)=P(Y\leqslant y)=P(F(X)\leqslant y)=P(\sqrt[3]{X}-1\leqslant y)$

$$=P[X\leqslant (y+1)^3]=F[(y+1)^3]=y.$$

于是，$Y=F(X)$ 的分布函数为 $G(y)=\begin{cases}0, & y<0,\\ y, & 0\leqslant y<1,\\ 1, & y\geqslant 1.\end{cases}$

第 3 章　二维随机变量

本章是概率论中的难点部分.

3.1　内容概要问答

1. 写出二维离散型随机变量 (X, Y) 的联合分布律及其性质.

答　设二维离散型随机变量 (X, Y) 的所有可能取值为 (x_i, y_j) $(i, j=1, 2, \cdots)$，则称

$$p_{ij}=P(X=x_i, Y=y_j)\quad(i, j=1, 2, \cdots)$$

为二维离散型随机变量 (X, Y) 的联合分布律或分布律. 其中 p_{ij} 满足：

(1) $p_{ij}\geqslant 0\ (i, j=1, 2, \cdots)$；　(2) $\sum\limits_{i=1}^{\infty}\sum\limits_{j=1}^{\infty}p_{ij}=1$.

2. 二维随机变量 (X, Y) 的分布函数是什么？

答　设二维随机变量 (X, Y)，对于任意实数 x，y，二元函数 $F(x, y)=P(X\leqslant x, Y\leqslant y)$ 为 (X, Y) 的联合分布函数.

如果 (X, Y) 为离散型随机变量，则

$$F(x, y)=P(X\leqslant x, Y\leqslant y)=\sum_{\substack{x_i\leqslant x\\ y_j\leqslant y}}p_{ij}\quad(i, j=1, 2, \cdots).$$

如果 (X, Y) 为连续型随机变量，则

$$F(x, y)=P(X\leqslant x, Y\leqslant y)=\int_{-\infty}^{x}\int_{-\infty}^{y}f(u, v)\mathrm{d}u\mathrm{d}v.$$

3. 二维随机变量 (X, Y) 的分布函数的性质是什么？

答　(1) $F(x, y)$ 关于 x 与 y 单调不减；

(2) $0\leqslant F(x, y)\leqslant 1$，且

$$\lim_{\substack{x\to+\infty\\ y\to+\infty}}F(x, y)=1,$$

$$\lim_{x\to-\infty}F(x,y)=\lim_{y\to-\infty}F(x,y)=\lim_{\substack{x\to-\infty\\y\to-\infty}}F(x,y)=0.$$

4. 写出二维随机变量 (X, Y) 的边缘分布函数.

答 二维随机变量 (X, Y) 的边缘分布函数为

$$F_X(x)=F(x,+\infty),\quad F_Y(y)=F(+\infty,y).$$

5. 二维连续型随机变量 (X, Y) 的联合概率密度及其性质是什么?

答 对于二维连续型随机变量 (X, Y),若存在非负函数 $f(x, y)$,使得 (X, Y) 在区域 D 上取值的概率为

$$P[(X,Y)\in D]=\iint_D f(x,y)\mathrm{d}xy,$$

则称 $f(x, y)$ 为 X, Y 的联合概率密度,简称联合密度.其中 $f(x, y)$ 满足:

(1) $f(x,y)\geqslant 0\ (-\infty<x<+\infty,-\infty<y<+\infty)$;

(2) $\int_{-\infty}^{+\infty}\mathrm{d}x\int_{-\infty}^{+\infty}f(x,y)\mathrm{d}y=1$.

6. 写出二维离散型随机变量 (X, Y) 的边缘分布律.

答 (X, Y) 关于 X 的边缘分布律为

$$p_{i\cdot}=P(X=x_i)=P[X=x_i,\bigcup_{j=1}^{\infty}(Y=y_j)]=\sum_{j=1}^{\infty}p_{ij};$$

(X, Y) 关于 Y 的边缘分布律为

$$p_{\cdot j}=\sum_{i=1}^{\infty}p_{ij}=P(Y=y_j)=P[\bigcup_{i=1}^{\infty}(X=x_i),Y=y_j].$$

7. 写出二维连续型随机变量 (X, Y) 的边缘概率密度.

答 (X, Y) 关于 X, Y 的边缘概率密度分别为

$$f_X(x)=\int_{-\infty}^{+\infty}f(x,y)\mathrm{d}y,\quad f_Y(y)=\int_{-\infty}^{+\infty}f(x,y)\mathrm{d}x.$$

8. 如何判断二维随机变量 (X, Y) 中的 X 与 Y 是相互独立的?

答 设二维随机变量 (X, Y) 满足 $P(X\leqslant x,Y\leqslant y)=P(X\leqslant x)P(Y\leqslant y)$,则称 X 与 Y 是相互独立的.

如果 (X, Y) 为离散型随机变量,则上式等价于 $p_{ij}=p_{i\cdot}p_{\cdot j}$;

如果 (X, Y) 为连续型随机变量,则上式等价于 $f(x,y)=f_X(x)f_Y(y)$;

如果 (X, Y) 的分布函数为 $F(x, y)$，则上式等价于 $F(x, y) = F_X(x)F_Y(y)$.

9. 写出二维随机变量 (X, Y) 均匀分布和正态分布的密度函数.

答 设 (X, Y) 在区域 D 上取值，区域 D 的面积为 σ，则 (X, Y) 均匀分布的密度函数为

$$f(x, y) = \begin{cases} \dfrac{1}{\sigma}, & (x, y) \in D, \\ 0, & \text{其他}. \end{cases}$$

二维随机变量 (X, Y) 为正态分布，其密度函数为

$$f(x, y) = \frac{1}{2\pi\sigma_1\sigma_2\sqrt{1-\rho^2}} e^{-\frac{1}{2(1-\rho^2)}\left[\frac{(x-\mu_1)^2}{\sigma_1^2} - 2\rho\frac{(x-\mu_1)(y-\mu_2)}{\sigma_1\sigma_2} + \frac{(y-\mu_2)^2}{\sigma_2^2}\right]}$$

$$(-\infty < x < +\infty, -\infty < y < +\infty).$$

记为 $(X, Y) \sim N(\mu_1, \mu_2, \sigma_1^2, \sigma_2^2, \rho)$. 当 $\rho = 0$ 时，X 与 Y 相互独立.

3.2 基本要求及重点、难点提示

二维随机变量是学习多维随机变量的基础，其很多结论都可以推广到多维随机变量. 本章的基本要求：

(1) 理解二维随机变量的概念，理解二维随机变量分布的概念和性质.

(2) 掌握二维随机变量的边缘分布与联合分布的关系，会求二维离散型随机变量联合分布律和边缘分布律.

(3) 掌握二维连续型随机变量的联合概率密度及其性质，会求连续型随机变量的密度函数和边缘概率密度.

(4) 理解随机变量的独立性及不相关性的概念，掌握随机变量相互独立的条件，理解随机变量不相关性与独立性的关系，会用随机变量的独立性进行概率计算.

(5) 知道二维随机变量的均匀分布，了解二维正态分布 $N(\mu_1, \mu_2, \sigma_1^2, \sigma_2^2, \rho)$ 的概率密度，掌握二维正态分布，理解其中参数的概率意义.

本章重点 熟练掌握离散型随机变量的联合分布律和连续型二维随机变量的联合分布密度，分布函数的求法及它们之间的关系；二维随机变量的边缘分布与联合分布的关系及计算公式，随机变量独立性的判断.

本章难点 随机变量独立性的判别，有关二维连续型随机变量的计算，解题时

经常涉及二重积分.熟练、准确地计算二重积分很有必要.

3.3 习题详解

1. 一个口袋中有4个球,上面分别标有数字1, 2, 2, 3,从口袋中任取一球后,不放回袋中,再从袋中任取一球.依次用X, Y表示第一次、第二次取得的球上标有的数字,求(X, Y)的联合分布律.

解 因为X, Y的可能取值分别为1, 2, 3.由乘法公式得

$$p_{11}=P(X=1, Y=1)=P(X=1)P\left(Y=\frac{1}{X}=1\right)=\frac{1}{4}\times 0=0,$$

$$p_{12}=P(X=1, Y=2)=P(X=1)P\left(Y=\frac{2}{X}=1\right)=\frac{1}{4}\times\frac{2}{3}=\frac{1}{6}.$$

同理可得

$$p_{13}=\frac{1}{4}\times\frac{1}{3}=\frac{1}{12},\quad p_{21}=\frac{2}{4}\times\frac{1}{3}=\frac{1}{6},\quad p_{22}=\frac{2}{4}\times\frac{1}{3}=\frac{1}{6},$$

$$p_{23}=\frac{2}{4}\times\frac{1}{3}=\frac{1}{6},\quad p_{31}=\frac{1}{4}\times\frac{1}{3}=\frac{1}{12},$$

$$p_{32}=\frac{1}{4}\times\frac{2}{3}=\frac{1}{6},\quad p_{33}=\frac{1}{4}\times 0=0.$$

所以(X, Y)的联合分布律为

X \ Y	1	2	3
1	0	$\frac{1}{6}$	$\frac{1}{12}$
2	$\frac{1}{6}$	$\frac{1}{6}$	$\frac{1}{6}$
3	$\frac{1}{12}$	$\frac{1}{6}$	0

2. 一箱子内装有12个开关,其中有2个开关是次品,在其中随机地取2次,每次取1个.考虑两种试验:(1)有放回抽取;(2)无放回抽取,并定义X, Y分别如下:

$$X=\begin{cases}0, & \text{第一次取出的是正品,}\\ 1, & \text{第一次取出的是次品;}\end{cases}\quad Y=\begin{cases}0, & \text{第二次取出的是正品,}\\ 1, & \text{第二次取出的是次品.}\end{cases}$$

试分别就以上两种试验情况,写出 (X, Y) 的联合分布律.

解　(1) 有放回抽样.由于事件相互独立,得 (X, Y) 的联合分布律为

Y \ X	0	1
0	$\frac{25}{36}$	$\frac{5}{36}$
1	$\frac{5}{36}$	$\frac{1}{36}$

(2) 有放回抽样. (X, Y) 的联合分布律为

Y \ X	0	1
0	$\frac{15}{22}$	$\frac{5}{33}$
1	$\frac{5}{33}$	$\frac{1}{66}$

3. 设随机变量 X 与 Y 相互独立,试求出 a, b, c, d, e, f, g, h 的值,并写出必要步骤.

X \ Y	y_1	y_2	y_3	$p_{\cdot j}$
x_1	a	$\frac{1}{8}$	b	e
x_2	$\frac{1}{8}$	c	d	f
$p_{i\cdot}$	$\frac{1}{6}$	g	h	1

解　由题意，$a=\frac{1}{6}-\frac{1}{8}=\frac{1}{24}$.

由独立性知 $\frac{e}{6}=a=\frac{1}{24}$,得 $e=\frac{1}{4}$,故 $f=1-e=\frac{3}{4}$.

由 $eg=\frac{1}{8}$,得 $g=\frac{1}{2}$,故 $c=\frac{1}{2}-\frac{1}{8}=\frac{3}{8}$, $h=1-\frac{1}{6}-g=\frac{1}{3}$.

由 $b=eh=\frac{1}{12}$, $d=fh=\frac{1}{4}$, 于是

$X \backslash Y$	y_1	y_2	y_3	$p_{i\cdot}$
x_1	$\frac{1}{24}$	$\frac{1}{8}$	$\frac{1}{12}$	$\frac{1}{4}$
x_2	$\frac{1}{8}$	$\frac{3}{8}$	$\frac{1}{4}$	$\frac{3}{4}$
$p_{\cdot j}$	$\frac{1}{6}$	$\frac{1}{2}$	$\frac{1}{3}$	1

4. 袋中有 6 个球,其中 4 个白球,2 个红球,无放回地抽取 2 次,每次取 1 个,设 X 为取到的白球数,Y 为取到的红球数. 求 (X, Y) 的联合分布律及关于 X 和 Y 的边缘分布律.

解　(X, Y) 的联合分布律为

$X \backslash Y$ (p_{ij})	0	1	2
0	0	0	$\frac{1}{15}$
1	0	$\frac{8}{15}$	0
2	$\frac{2}{5}$	0	0

关于 X 和 Y 的边缘分布律为

X	0	1	2
$p_{i\cdot}$	$\frac{1}{15}$	$\frac{8}{15}$	$\frac{2}{5}$

Y	0	1	2
$p_{\cdot j}$	$\frac{2}{5}$	$\frac{8}{15}$	$\frac{1}{15}$

5. 已知二维随机变量 (X, Y) 在区域 D 上服从均匀分布，其中 D 是由直线 $x=0$，$y=1$ 和 $y=x$ 所围成，求 X 和 Y 的边缘概率密度 $f_X(x)$，$f_Y(y)$.

解　$f(x, y)=\begin{cases}2, & 0\leqslant x\leqslant 1,\ x\leqslant y\leqslant 1,\\ 0, & \text{其他}.\end{cases}$

$$f_X(x)=\begin{cases}2\int_x^1 \mathrm{d}y=2(1-x), & 0\leqslant x\leqslant 1,\\ 0, & \text{其他};\end{cases}$$

$$f_Y(y)=\begin{cases}2\int_0^y \mathrm{d}x=2y, & 0\leqslant y\leqslant 1,\\ 0, & \text{其他}.\end{cases}$$

6. 设二维随机变量 (X, Y) 概率密度为

$$f(x, y)=\begin{cases}k(6-x-y), & 0<x<2,\ 2<y<4,\\ 0, & \text{其他}.\end{cases}$$

求(1)常数 k；(2) $P(X<1, Y<3)$；(3) $P\left(X<\frac{3}{2}\right)$.

解　(1) $1=\iint\limits_D f(x, y)\mathrm{d}\sigma=k\left(24-\int_2^4\mathrm{d}y\int_0^2 x\mathrm{d}x-\int_2^4 y\mathrm{d}y\int_0^2\mathrm{d}x\right)$

$=k(24-4-12)=8k$,

解得 $k=\frac{1}{8}$.

(2) $P(X<1, Y<3)=\frac{1}{8}\left(6-\int_2^3\mathrm{d}y\int_0^1 x\mathrm{d}x-\int_2^3 y\mathrm{d}y\int_0^1\mathrm{d}x\right)$

$=\frac{1}{8}\left(6-\frac{1}{2}-\frac{5}{2}\right)=\frac{3}{8}$.

(3) $P\left(X<\frac{3}{2}\right)=\frac{1}{8}\left(18-\int_2^4\mathrm{d}y\int_0^{\frac{3}{2}} x\mathrm{d}x-\int_2^4 y\mathrm{d}y\int_0^{\frac{3}{2}}\mathrm{d}x\right)$

$=\frac{1}{8}\left(18-\frac{9}{4}-9\right)=\frac{27}{32}$.

7. 设二维随机变量 (X, Y) 的概率密度为

$$f(x, y)=\begin{cases}kxy, & 0<x<1, 0<y<x, \\ 0, & \text{其他}.\end{cases}$$

求(1)常数 k；(2) $P(X+Y<1)$；(3) $P\left(X<\frac{1}{2}\right)$.

解 (1) $1=\iint\limits_D f(x, y)\mathrm{d}\sigma=k\int_0^1 x\mathrm{d}x\int_0^x y\mathrm{d}y=\frac{k}{2}\int_0^1 x^3\mathrm{d}x=\frac{k}{8}$,

解得 $k=8$.

(2) $$P(X+Y<1)=4\int_0^{\frac{1}{2}} y\mathrm{d}y\int_y^{1-y} 2x\mathrm{d}x=4\int_0^{\frac{1}{2}} y[(1-y)^2-y^2)]\mathrm{d}y$$

$$=4\int_0^{\frac{1}{2}}(y-2y^2)\mathrm{d}y=2y^2-\frac{8}{3}y^3\Big|_0^{\frac{1}{2}}$$

$$=2y^2\left(1-\frac{4}{3}y\right)\Big|_0^{\frac{1}{2}}=\frac{1}{6}.$$

(3) $$P\left(X<\frac{1}{2}\right)=4\int_0^{\frac{1}{2}} x\mathrm{d}x\int_0^x 2y\mathrm{d}y=\int_0^{\frac{1}{2}} 4x^3\mathrm{d}x=\frac{1}{16}.$$

8. 设二维随机变量 (X,Y) 的概率密度为

$$f(x, y)=\begin{cases}\frac{2}{\pi}\mathrm{e}^{-\frac{1}{2}(x^2+y^2)}, & x\geqslant 0, y\geqslant 0, \\ 0, & \text{其他}.\end{cases}$$

求 $P(X^2+Y^2\leqslant 1)$.

解 $$P(X^2+Y^2<1)=\frac{2}{\pi}\iint\limits_D \mathrm{e}^{-\frac{x^2+y^2}{2}}\mathrm{d}\sigma=\frac{2}{\pi}\int_0^{\frac{\pi}{2}}\mathrm{d}\theta\int_0^1 \mathrm{e}^{-\frac{r^2}{2}}r\mathrm{d}r$$

$$=-\int_0^1 \mathrm{e}^{-\frac{r^2}{2}}\mathrm{d}\left(-\frac{r^2}{2}\right)=\mathrm{e}^{-\frac{r^2}{2}}\Big|_1^0=1-\mathrm{e}^{-\frac{1}{2}}.$$

9. 设二维随机变量 (X, Y) 在区域 D：$0<x<1, 0<y<x^2$ 上服从均匀分布，求(1) (X, Y) 的概率密度；(2) X 和 Y 的边缘概率密度.

解 (1) 由题意可知面积 $A=\int_0^1 x^2\mathrm{d}x=\frac{1}{3}$,

则 (X, Y) 的概率密度函数为

$$f(x, y)=\begin{cases}3, & 0<x<1, 0<y<x^2, \\ 0, & \text{其他}.\end{cases}$$

(2) X 和 Y 的边缘概率密度为

$$f_X(x)=\begin{cases}3\int_0^{x^2}\mathrm{d}y=3x^2, & 0<x<1,\\ 0, & \text{其他};\end{cases}$$

$$f_Y(y)=\begin{cases}3\int_{\sqrt{y}}^{1}\mathrm{d}x=3(1-\sqrt{y}), & 0<y<1,\\ 0, & \text{其他}.\end{cases}$$

10. 设随机变量 X 和 Y 相互独立,其分布律分别为

X	1	2
p_i	$\frac{1}{3}$	$\frac{2}{3}$

Y	1	2
p_j	$\frac{1}{3}$	$\frac{2}{3}$

求 $P(X=Y)$.

解 $P(X=Y)=\left(\frac{1}{3}\right)^2+\left(\frac{2}{3}\right)^2=\frac{5}{9}$.

11. 设二维随机变量 (X,Y) 在区域 D: $a<x<b, c<y<d$ 上服从均匀分布,问 X 与 Y 是否相互独立?

解 由题意可知 (X,Y) 的概率密度为

$$f(x,y)=\begin{cases}\frac{1}{(b-a)(d-c)}, & a<x<b, c<y<d,\\ 0, & \text{其他}.\end{cases}$$

当 $a<x<b$ 时, $f_X(x)=\frac{1}{(b-a)(d-c)}\int_c^d\mathrm{d}y=\frac{1}{b-a}$,

$$f_X(x)=\begin{cases}\frac{1}{b-a}, & a<x<b,\\ 0, & \text{其他};\end{cases}$$

当 $c<y<d$ 时, $f_Y(y)=\frac{1}{(b-a)(d-c)}\int_a^b\mathrm{d}x=\frac{1}{d-c}$,

$$f_Y(y)=\begin{cases}\frac{1}{d-c}, & c<y<d,\\ 0, & \text{其他}.\end{cases}$$

因此 X 与 Y 是相互独立的.

12. 设二维随机变量 (X, Y) 的概率密度为

$$f(x, y)=\begin{cases}k\sin(x+y), & 0\leqslant x\leqslant\frac{\pi}{2}, 0\leqslant y\leqslant\frac{\pi}{2},\\ 0, & \text{其他}.\end{cases}$$

求系数 k 及 (X, Y) 关于 X, Y 的边缘概率密度,并判断 X, Y 是否相互独立?

解 $1=k\int_0^{\frac{\pi}{2}}\mathrm{d}x\int_0^{\frac{\pi}{2}}\sin(x+y)\mathrm{d}y=k\int_0^{\frac{\pi}{2}}\cos(x+y)\Big|_{\frac{\pi}{2}}^{0}\mathrm{d}x$

$$=k\int_0^{\frac{\pi}{2}}(\cos x+\sin x)\mathrm{d}x=2k,$$

解得 $k=\frac{1}{2}$.

当 $0\leqslant x\leqslant\frac{\pi}{2}$ 时,

$$f_X(x)=\frac{1}{2}\int_0^{\frac{\pi}{2}}\sin(x+y)\mathrm{d}y=\frac{1}{2}\cos(x+y)\Big|_{\frac{\pi}{2}}^{0}=\frac{1}{2}(\cos x+\sin x),$$

$$f_X(x)=\begin{cases}\frac{\cos x+\sin x}{2}, & 0\leqslant x\leqslant\frac{\pi}{2},\\ 0, & \text{其他}.\end{cases}$$

同理可得

$$f_Y(y)=\begin{cases}\frac{\cos y+\sin y}{2}, & 0\leqslant y\leqslant\frac{\pi}{2},\\ 0, & \text{其他}.\end{cases}$$

因为 $f_X(x)f_Y(y)\neq f(x, y)$,所以 X, Y 不相互独立.

13. 设 X 与 Y 是相互独立的随机变量,$X\sim U(0, 0.2)$,$Y\sim E(5)$,求 (X, Y) 的概率密度 $f(x, y)$ 及 $P(Y\leqslant X)$.

解 (1)由题意可得

$$f_X(x)=\begin{cases}5, & 0\leqslant x\leqslant 0.2,\\ 0, & 其他;\end{cases}\qquad f(y)=\begin{cases}5\mathrm{e}^{-5y}, & y>0,\\ 0, & 其他.\end{cases}$$

因为 X 与 Y 相互独立,得 (X, Y) 的概率密度为

$$f(x, y)=f_X(x)f_Y(y)=\begin{cases}25\mathrm{e}^{-5y}, & 0\leqslant x\leqslant 0.2, y>0,\\ 0, & 其他.\end{cases}$$

(2) $P(Y\leqslant X)=-5\int_0^{0.2}\mathrm{d}x\int_0^x \mathrm{e}^{-5y}\mathrm{d}(-5y)=5\int_0^{0.2}(1-\mathrm{e}^{-5x})\mathrm{d}x=\mathrm{e}^{-1}$.

14. 设二维随机变量 (X, Y) 的概率密度为

$$f(x, y)=\begin{cases}\dfrac{1}{2}, & 0<x<y, 0<y<2,\\ 0, & 其他.\end{cases}$$

(1) 求边缘概率密度 $f_X(x)$, $f_Y(y)$;
(2) 判断 X 与 Y 是否相互独立,说明理由;
(3) 求 $P(X+Y\leqslant 1)$.

解 (1) $f_X(x)=\int_{-\infty}^{+\infty}f(x, y)\mathrm{d}y=\begin{cases}\dfrac{1}{2}\displaystyle\int_x^2\mathrm{d}y=\dfrac{2-x}{2}, & 0<x<2,\\ 0, & 其他,\end{cases}$

$$f_Y(y)=\int_{-\infty}^{+\infty}f(x, y)\mathrm{d}x=\begin{cases}\dfrac{1}{2}\displaystyle\int_0^y\mathrm{d}x=\dfrac{y}{2}, & 0<y<2,\\ 0, & 其他.\end{cases}$$

(2) 因为 $f(x, y)\neq f_X(x)f_Y(y)$,所以 X 与 Y 不相互独立.

(3) $P(X+Y\leqslant 1)=\dfrac{1}{2}\int_0^{\frac{1}{2}}\mathrm{d}x\int_x^{1-x}\mathrm{d}y=\dfrac{1}{2}\int_0^{\frac{1}{2}}(1-2x)\mathrm{d}x=\dfrac{1}{8}$.

15. 设二维随机变量 (X, Y) 在区域 D 上服从均匀分布,D 由直线 $y=1-\dfrac{x}{2}$, x 轴和 y 轴围成. (1)求边缘概率密度 $f_X(x)$, $f_Y(y)$; (2)判断 X 与 Y 是否相互独立; (3)求 $P(X\leqslant Y)$.

解 $f(x, y)=\begin{cases}1, & (x, y)\in D,\\ 0, & \text{其他}.\end{cases}$

(1) $f_X(x)=\int_{-\infty}^{+\infty} f(x, y)\mathrm{d}y=\begin{cases}\int_0^{1-\frac{x}{2}}\mathrm{d}y=1-\frac{x}{2}, & 0<x<2,\\ 0, & \text{其他};\end{cases}$

$$f_Y(y)=\int_{-\infty}^{+\infty} f(x, y)\mathrm{d}x=\begin{cases}\int_0^{2(1-y)}\mathrm{d}x=2(1-y), & 0<y<1,\\ 0, & \text{其他}.\end{cases}$$

(2) 因为 $f(x, y)\neq f_X(x)f_Y(y)$，所以 X 与 Y 不相互独立.

(3) $P(X\leqslant Y)=\int_0^{\frac{2}{3}}\mathrm{d}x\int_x^{1-\frac{x}{2}}\mathrm{d}y=\int_0^{\frac{2}{3}}\left(1-\frac{3x}{2}\right)\mathrm{d}x=\frac{1}{3}.$

16. 已知二维随机变量 X 与 Y 相互独立，且 $X\sim E(1)$，$Y\sim E(4)$，求 $P(X<Y)$.

解 由题意知

$$f_X(x)=\begin{cases}\mathrm{e}^{-x}, & x>0,\\ 0, & \text{其他};\end{cases}\quad f_Y(y)=\begin{cases}4\mathrm{e}^{-4y}, & y>0,\\ 0, & \text{其他}.\end{cases}$$

$$f(x, y)=\begin{cases}4\mathrm{e}^{-x-4y}, & x>0, y>0,\\ 0, & \text{其他},\end{cases}\quad D:\begin{cases}0<x<+\infty,\\ x<y.\end{cases}$$

$$P(X<Y)=4\iint\limits_D \mathrm{e}^{-x-4y}\mathrm{d}\sigma=\int_0^{+\infty}\mathrm{e}^{-x}\mathrm{d}x\int_x^{+\infty}\mathrm{e}^{-4y}\mathrm{d}(4y)=\int_0^{+\infty}\mathrm{e}^{-5x}\mathrm{d}x=\frac{1}{5}.$$

17. 设二维随机变量 (X, Y) 服从由直线 $x=1$，$x=\mathrm{e}^2$，$y=0$ 及曲线 $y=\frac{1}{x}$ 所围成区域 D 上的均匀分布. 求

(1) (X, Y) 的联合概率密度；(2) $P(X+Y\geqslant 2)$.

解 (1) D 的面积 $A=\int_1^{\mathrm{e}^2}\frac{\mathrm{d}x}{x}=2$，

(X, Y) 的联合概率密度为

$$f(x, y)=\begin{cases}\frac{1}{2}, & (x, y)\in D,\\ 0, & \text{其他}.\end{cases}$$

(2) $P(X+Y\geqslant 2)=1-P(X+Y<2)=1-\frac{1}{2}\int_{1}^{2}(2-x)\mathrm{d}x$

$$=1-\frac{1}{4}=\frac{3}{4}=0.75.$$

18. 设二维随机变量 (X, Y) 的概率密度为 $f(x, y)=\begin{cases}1, & 0<x<1,\ |y|<x,\\ 0, & \text{其他}.\end{cases}$

求边缘概率密度 $f_X(x)$ 和条件概率 $P\left(Y>0, X<\frac{1}{2}\right)$.

解　$f_X(x)=\int_{-\infty}^{+\infty}f(x, y)\mathrm{d}y=\begin{cases}\int_{-x}^{x}\mathrm{d}y=2x, & 0<x<1,\\ 0, & \text{其他}.\end{cases}$

$$P\left(Y>0, X<\frac{1}{2}\right)=\frac{P\left(Y>0, X<\frac{1}{2}\right)}{P\left(X<\frac{1}{2}\right)}=\frac{\iint\limits_{x<\frac{1}{2},\ y>0}f(x, y)\mathrm{d}x\mathrm{d}y}{\int_{-\infty}^{\frac{1}{2}}f_X(x)\mathrm{d}x}$$

$$=\frac{\int_{0}^{\frac{1}{2}}\mathrm{d}x\int_{0}^{x}\mathrm{d}y}{\int_{0}^{\frac{1}{2}}2x\mathrm{d}x}=\frac{\int_{0}^{\frac{1}{2}}x\mathrm{d}x}{2\int_{0}^{\frac{1}{2}}x\mathrm{d}x}=\frac{1}{2}.$$

3.4　同步练习题及答案

一、填空题

1. 设二维连续随机变量 (X, Y) 是 D: $x^2+y^2\leqslant R^2$ 上的均匀分布,其概率密度为 $f(x, y)=\begin{cases}k, & x^2+y^2\leqslant R^2,\\ 0, & \text{其他},\end{cases}$ 则常数 $k=$________.

2. 设随机变量 X, Y 相互独立,概率密度分别为

$$f_X(x)=\begin{cases}\mathrm{e}^{-x}, & x>0,\\ 0, & \text{其他};\end{cases}\quad f_Y(y)=\begin{cases}\mathrm{e}^{-y}, & y>0,\\ 0, & \text{其他},\end{cases}$$

则二维随机变量 (X, Y) 的联合概率密度为________.

3. 已知二维随机变量 (X, Y) 的联合分布律为

X \ Y	0	1	3
1	0	$\frac{1}{3}$	$\frac{1}{8}$
2	$\frac{1}{6}$	0	$\frac{1}{8}$
4	$\frac{1}{12}$	0	$\frac{1}{6}$

则关于 X 的边缘分布律为________；关于 Y 的边缘分布律为________.

4. 已知二维随机变量 (X, Y) 的联合分布律为

X \ Y	-1	2	3
1	$\frac{1}{4}$	$\frac{1}{12}$	$\frac{1}{8}$
2	$\frac{1}{4}$	k	$\frac{1}{6}$

则 $k=$________.

5. 已知二维随机变量 (X, Y) 的联合分布函数 $F(x, y)=\frac{1}{\pi^2}\left(\frac{\pi}{2}+\arctan\frac{x}{3}\right)\left(\frac{\pi}{2}+\arctan\frac{y}{2}\right)$，则 (X, Y) 的概率密度为________________.

6. 设 X 与 Y 相互独立且都服从 $[0, 3]$ 上的均匀分布，则 $P[\max(X, Y)\leqslant 1]=$________________.

7. 设二维随机变量 (X, Y) 的概率密度为 $f(x, y)=\begin{cases}6x, & 0\leqslant x\leqslant y\leqslant 1,\\ 0 & 其他,\end{cases}$ 则 $P(X+Y\leqslant 1)=$________.

8. 设 (X, Y) 的概率密度为 $f(x, y)=\begin{cases}4xy, & 0<x<1, 0<y<1,\\ 0, & 其他,\end{cases}$ 则 $P(X<Y)=$________.

9. 设二维随机变量 $(X, Y)\sim N(\mu_1, \mu_2, \sigma_1^2, \sigma_2^2, \rho)$，且 X 与 Y 相互独立，则 $\rho=$________.

二、计算题

1. 已知二维随机变量 (X, Y) 的联合分布律为

$X \backslash Y$	0	1	2
0	$\frac{1}{4}$	$\frac{1}{6}$	C
1	$\frac{1}{4}$	$\frac{1}{8}$	$\frac{1}{12}$

(1) 确定常数 C；(2)求 (X, Y) 关于 X, Y 的边缘分布律.

2. 已知二维随机变量 (X, Y) 的概率密度为

$$f(x, y)=\begin{cases}k\mathrm{e}^{-(3x+4y)}, & x>0, y>0, \\ 0, & \text{其他}.\end{cases}$$

求(1) 常数 k；(2) $P(0 \leqslant X \leqslant 1, 0 \leqslant Y \leqslant 2)$.

3. 已知二维随机变量 (X, Y) 的概率密度为

$$f(x, y)=\begin{cases}k\dfrac{\mathrm{e}^{1-y}}{x^{3}}, & x>1 \text{ 且 } y>1, \\ 0, & x \leqslant 1 \text{ 或 } y \leqslant 1.\end{cases}$$

求常数 k 以及两个边缘概率密度 $f_X(x)$，$f_Y(y)$，并判断 X 与 Y 是否相互独立.

4. 已知二维随机变量 (X, Y) 的分布函数为

$$F(x, y)=\begin{cases}(1-\mathrm{e}^{-3x})(1-\mathrm{e}^{-5y}), & x \geqslant 0, y \geqslant 0, \\ 0, & \text{其他}.\end{cases}$$

求 (X, Y) 的概率密度 $f(x, y)$.

5. 设二维随机变量 (X, Y) 的概率密度为

$$f(x, y)=\begin{cases}6x, & 0 \leqslant x \leqslant 1, x \leqslant y \leqslant 1, \\ 0, & \text{其他}.\end{cases}$$

求 $P(X+Y \leqslant 1)$.

6. 已知 $X \sim U(0, 2)$，$Y \sim N(1, 1)$，且 X 与 Y 相互独立，求 (X, Y) 的概率密度 $f(x, y)$.

7. 已知二维随机变量 (X, Y) 的概率密度为

$$f(x, y)=\begin{cases}8xy, & 0<x \leqslant y, 0 \leqslant y \leqslant 1, \\ 0, & \text{其他}.\end{cases}$$

求两个边缘概率密度 $f_X(x)$，$f_Y(y)$，并判断 X 与 Y 是否相互独立.

8. 已知二维随机变量 (X, Y) 的概率密度为

$$f(x, y)=\begin{cases}24x^2 y(1-x), & 0 \leqslant x \leqslant 1, 0 \leqslant y \leqslant 1, \\ 0, & \text{其他}.\end{cases}$$

判断 X 与 Y 是否相互独立.

9. 已知二维随机变量 (X, Y) 的概率密度为

$$f(x, y)=\begin{cases}\dfrac{1+xy}{4}, & |x| \leqslant 1, |y| \leqslant 1, \\ 0, & \text{其他}.\end{cases}$$

判断 X 与 Y 是否相互独立.

10. 已知 (X, Y) 的概率密度为

$$f(x, y)=\begin{cases}1, & 0<x<1, 0<y<2x, \\ 0, & \text{其他}.\end{cases}$$

(1) 求 X 的边缘概率密度 $f_X(x)$，Y 的边缘概率密度 $f_Y(y)$；

(2) 判断 X 与 Y 是否相互独立；

(3) 求 $P(X+Y \leqslant 1)$.

11. 设二维随机变量 (X, Y) 的密度为

$$f(x, y)=\begin{cases}k(6-x-y), & 0<x<2, 2<y<4, \\ 0, & \text{其他},\end{cases}$$

(1) 确定常数 k；(2) 求 $P(X<1, Y<3)$；$P(X+Y \leqslant 4)$.

12. 已知二维随机变量 (X, Y) 的概率密度为

$$f(x, y)=\begin{cases}k\mathrm{e}^{-(x+2y)}, & x>0 \text{ 且 } y>0, \\ 0, & x \leqslant 0 \text{ 或 } y \leqslant 0.\end{cases}$$

求(1)常数 k；(2)两个边缘概率密度 $f_X(x)$，$f_Y(y)$，判断 X 与 Y 是否相互独立.

13. 设二维连续型随机变量 (X, Y) 的概率密度为

$$f(x, y)=\begin{cases} e^{-x}, & 0<y<x, \\ 0, & \text{其他}. \end{cases}$$

求(1) (X, Y) 关于 X 和 Y 的边缘概率密度 $f_X(x)$，$f_Y(y)$；

(2) $P(X+Y\leqslant 1)$；

(3) 条件概率密度 $f_{Y|X}(y \mid x)$；

(4) 条件概率 $P(X\leqslant 1 \mid Y\leqslant 1)$.

14. 设随机变量 X 与 Y 相互独立，已知它们的分布律分别为

X	-2	-1	0	1
$p_{i\cdot}$	$\frac{1}{4}$	$\frac{1}{3}$	$\frac{1}{12}$	$\frac{1}{3}$

Y	-1	1	3
$p_{\cdot j}$	$\frac{1}{2}$	$\frac{1}{4}$	$\frac{1}{4}$

试求 (X, Y) 的联合分布律.

答　案

一、填空题

1. $\frac{1}{\pi R^2}$.　**2.** $f(x, y)=\begin{cases} e^{-(x+y)}, & x>0, y>0, \\ 0, & \text{其他}. \end{cases}$

3.

X	1	2	4
$p_{i\cdot}$	$\frac{11}{24}$	$\frac{7}{24}$	$\frac{1}{4}$

Y	0	1	3
$p_{\cdot j}$	$\frac{1}{4}$	$\frac{1}{3}$	$\frac{5}{12}$

4. $\frac{1}{8}$.　**5.** $\frac{6}{\pi^2(9+x^2)(4+y^2)}$.　**6.** $\frac{1}{9}$.　**7.** $\frac{1}{4}$.　**8.** 0.5.　**9.** $\rho=0$.

二、计算题

1. 解　(1) 由于 $\sum_i \sum_j p_{ij}=1$，所以 $\frac{1}{4}+\frac{1}{6}+C+\frac{1}{4}+\frac{1}{8}+\frac{1}{12}=1$，解得 $C=\frac{1}{8}$.

X \ Y	0	1	2	$p_{i\cdot}$
0	$\frac{1}{4}$	$\frac{1}{6}$	$\frac{1}{8}$	$\frac{13}{24}$
1	$\frac{1}{4}$	$\frac{1}{8}$	$\frac{1}{12}$	$\frac{11}{24}$
$p_{\cdot j}$	$\frac{1}{2}$	$\frac{7}{24}$	$\frac{5}{24}$	1

2. 解 (1) $1=\int_{-\infty}^{+\infty}\int_{-\infty}^{+\infty}f(x,y)\mathrm{d}x\mathrm{d}y=k\int_0^{+\infty}\mathrm{e}^{-3x}\mathrm{d}x\int_0^{+\infty}\mathrm{e}^{-4y}\mathrm{d}y=\frac{k}{12}$,解得 $k=12$.

(2) $P(0\leqslant X\leqslant 1,0\leqslant Y\leqslant 2)=\int_0^1\mathrm{d}x\int_0^2 f(x,y)\mathrm{d}y=12\int_0^1\mathrm{e}^{-3x}\mathrm{d}x\int_0^2\mathrm{e}^{-4y}\mathrm{d}y$

$$=(1-\mathrm{e}^{-3})(1-\mathrm{e}^{-8})\approx 0.9499.$$

3. 解 $1=k\int_1^{+\infty}x^{-3}\mathrm{d}x\int_1^{+\infty}\mathrm{e}^{1-y}\mathrm{d}y=k\left(\frac{-1}{2x^2}\Big|_1^{+\infty}\right)\left(-\mathrm{e}^{1-y}\Big|_1^{+\infty}\right)=\frac{k}{2}$,解得 $k=2$.

当 $x>1$ 时, $f_X(x)=-\frac{2}{x^3}\int_1^{+\infty}\mathrm{e}^{1-y}\mathrm{d}(1-y)=\frac{2}{x^3}$;

当 $y>1$ 时, $f_Y(y)=2\mathrm{e}^{1-y}\int_1^{+\infty}x^{-3}\mathrm{d}x=\mathrm{e}^{1-y}x^{-2}\Big|_{+\infty}^{1}=\mathrm{e}^{1-y}$.

所以两个边缘概率密度为

$$f_X(x)=\begin{cases}\frac{2}{x^3}, & x>1,\\ 0, & x\leqslant 1;\end{cases}\quad f_Y(y)=\begin{cases}\mathrm{e}^{1-y}, & y>1,\\ 0, & y\leqslant 1.\end{cases}$$

因为 $f(x,y)=f_X(x)f_Y(y)$,所以 X 与 Y 相互独立.

4. 解 当 $x\geqslant 0,y\geqslant 0$ 时,有 $f(x,y)=\frac{\partial F(x,y)}{\partial x\partial y}=15\mathrm{e}^{-3x-5y}$,

所以
$$f(x,y)=\begin{cases}15\mathrm{e}^{-3x-5y}, & x\geqslant 0,y\geqslant 0,\\ 0, & \text{其他}.\end{cases}$$

5. 解 设 $D=\{(x,y)\mid x+y\leqslant 1\}$, $G=\{(x,y)\mid 0\leqslant x\leqslant 1,x\leqslant y\leqslant 1\}$,其中 G 为有效区域,而两个区域的有效区域如图 3.1 所示阴影部分

$$P(X+Y\leqslant 1)=6\iint\limits_{D\cap G}x\mathrm{d}x\mathrm{d}y=6\int_0^{\frac{1}{2}}x\mathrm{d}x\int_x^{1-x}\mathrm{d}y$$

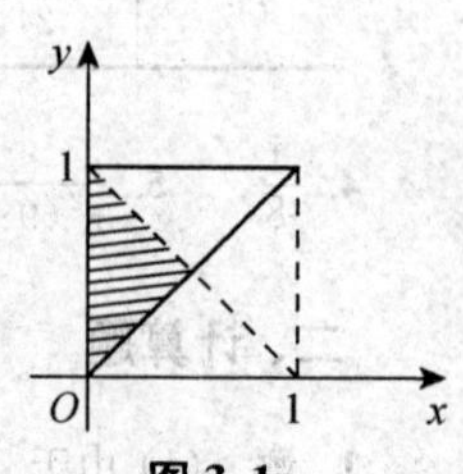

图 3.1

$$= 6\int_0^{\frac{1}{2}}(x-2x^2)\mathrm{d}x = \frac{1}{4}.$$

6. 解 $f_X(x)=\begin{cases}\frac{1}{2}, & 0\leqslant x\leqslant 2,\\ 0, & \text{其他};\end{cases}$

$$f_Y(y)=\frac{1}{\sqrt{2\pi}}\mathrm{e}^{-\frac{(y-1)^2}{2}},\ -\infty<y<+\infty.$$

由于 X 与 Y 相互独立,则 (X, Y) 的概率密度 $f(x, y)$ 为

$$f(x, y)=\begin{cases}\frac{1}{2\sqrt{2\pi}}\mathrm{e}^{-\frac{(y-1)^2}{2}}, & 0\leqslant x\leqslant 2, -\infty<y<+\infty,\\ 0, & \text{其他}.\end{cases}$$

7. 解 当 $0<x\leqslant 1$ 时,$f_X(x)=4x\int_x^1 2y\mathrm{d}y=4x(1-x^2)$;

当 $0\leqslant y\leqslant 1$ 时,$f_Y(y)=4y\int_0^y 2x\mathrm{d}x=4y^3$.

$$f_X(x)=\begin{cases}4x(1-x^2), & 0\leqslant x\leqslant 1,\\ 0, & \text{其他};\end{cases}\qquad f_Y(y)=\begin{cases}4y^3, & 0\leqslant y\leqslant 1,\\ 0, & \text{其他}.\end{cases}$$

因为 $f(x, y)\neq f_X(x)f_Y(y)$,所以 X 与 Y 不相互独立.

8. 解 当 $0\leqslant x\leqslant 1$ 时,$f_X(x)=12x^2(1-x)\int_0^1 2y\mathrm{d}y=12x^2(1-x)$,否则 $f_X(x)=0$;

当 $0\leqslant y\leqslant 1$ 时,$f_Y(y)=24y\int_0^1(x^2-x^3)\mathrm{d}x=24y\left(\frac{1}{3}-\frac{1}{4}\right)=2y$,否则 $f_Y(y)=0$.

因为 $f(x, y)=f_X(x)f_Y(y)$,所以 X 与 Y 相互独立.

9. 解 当 $-1\leqslant x\leqslant 1$ 时,$f_X(x)=\frac{1}{4}\int_{-1}^1(1+xy)\mathrm{d}y=\frac{1}{2}$,否则 $f_X(x)=0$.

利用 X 与 Y 的对称性,当 $-1\leqslant y\leqslant 1$ 时,$f_Y(y)=\frac{1}{2}$,否则 $f_Y(y)=0$.

因为 $f(x, y)\neq f_X(x)f_Y(y)$,所以 X 与 Y 不相互独立.

10. 解 (1) $f_X(x)=\begin{cases}\int_0^{2x}\mathrm{d}y=2x, & 0<x<1,\\ 0, & \text{其他};\end{cases}$

$$f_Y(y)=\begin{cases}\int_{\frac{y}{2}}^1\mathrm{d}x=1-\frac{y}{2}, & 0<y<2,\\ 0, & \text{其他}.\end{cases}$$

(2) 因为 $f(x, y)\neq f_X(x)f_Y(y)$,所以 X 与 Y 不相互独立.

(3) $P(X+Y\leqslant 1)=\int_0^{\frac{2}{3}}\mathrm{d}y\int_{\frac{y}{2}}^{1-y}\mathrm{d}x=\int_0^{\frac{2}{3}}\left(1-\frac{3y}{2}\right)\mathrm{d}y=\frac{1}{3}$.

11. 解 (1) $1=k\iint\limits_D f(x,\ y)\mathrm{d}\sigma=k\left[24-\int_2^4\mathrm{d}y\int_0^2(x+y)\mathrm{d}x\right]$

$$=k\left[24-2\int_2^4(1+y)\mathrm{d}y\right]=8k\text{，解得 }k=\frac{1}{8}.$$

(2) $P(X<1,\ Y<3)=\frac{1}{8}\left[6-\int_2^3\mathrm{d}y\int_0^1(x+y)\mathrm{d}x\right]=\frac{1}{8}\left[6-\int_2^3\left(\frac{1}{2}+y\right)\mathrm{d}y\right]=\frac{3}{8}$.

(3) $P(X+Y\leqslant 4)=\frac{1}{8}\left[12-\int_0^2\mathrm{d}x\int_2^{4-x}(x+y)\mathrm{d}y\right]=\frac{1}{8}\left[12-\int_0^2\left(8-\frac{(2+x)^2}{2}\right)\mathrm{d}x\right]$

$$=\frac{2}{3}.$$

12. 解 (1) $1=k\int_0^{+\infty}\mathrm{e}^{-x}\mathrm{d}x\int_0^{+\infty}\mathrm{e}^{-2y}\mathrm{d}y=k\left(-\mathrm{e}^{-x}\Big|_0^{+\infty}\right)\left(-\frac{1}{2}\mathrm{e}^{-2y}\Big|_0^{+\infty}\right)=\frac{k}{2}$，解得 $k=2$.

(2) 当 $x>0$ 时，$f_X(x)=-\mathrm{e}^{-x}\int_0^{+\infty}\mathrm{e}^{-2y}\mathrm{d}(-2y)=\mathrm{e}^{-x}$；

当 $y>0$ 时，$f_Y(y)=2\mathrm{e}^{-2y}\int_0^{+\infty}\mathrm{e}^{-x}\mathrm{d}x=2\mathrm{e}^{-2y}$.

所以两个边缘概率密度为

$$f_X(x)=\begin{cases}\mathrm{e}^{-x}, & x>0,\\ 0, & x\leqslant 0;\end{cases}\quad f_Y(y)=\begin{cases}2\mathrm{e}^{-2y}, & y>0,\\ 0, & y\leqslant 0.\end{cases}$$

因为 $f(x,\ y)=f_X(x)f_Y(y)$，所以 X 与 Y 相互独立.

13. 解 (1) $f_X(x)=\int_{-\infty}^{+\infty}f(x,\ y)\mathrm{d}y$. 当 $x>0$ 时，$f_X(x)=\int_0^x\mathrm{e}^{-x}\mathrm{d}y=x\mathrm{e}^{-x}$，

故
$$f_X(x)=\begin{cases}x\mathrm{e}^{-x}, & x>0,\\ 0, & x\leqslant 0.\end{cases}$$

$f_Y(y)=\int_{-\infty}^{+\infty}f(x,\ y)\mathrm{d}x$. 当 $y>0$ 时，$f_Y(y)=\int_y^{+\infty}\mathrm{e}^{-x}\mathrm{d}x=-\mathrm{e}^{-x}\Big|_y^{+\infty}=\mathrm{e}^{-y}$，

故
$$f_Y(y)=\begin{cases}\mathrm{e}^{-y}, & y>0,\\ 0, & y\leqslant 0.\end{cases}$$

(2) $P(X+Y\leqslant 1)=\iint\limits_{\substack{x+y\leqslant 1\\ 0<y<x}}f(x,\ y)\mathrm{d}x\mathrm{d}y=\iint\limits_{\substack{x+y\leqslant 1\\ 0<y<x}}\mathrm{e}^{-x}\mathrm{d}x\mathrm{d}y$

$$=\int_0^{\frac{1}{2}}\mathrm{d}y\int_y^{1-y}\mathrm{e}^{-x}\mathrm{d}x=1+\mathrm{e}^{-1}-2\mathrm{e}^{-\frac{1}{2}}.$$

(3) 当 $x>0$ 时,有 Y 的条件概率密度 $f_{Y|X}(y\mid x)=\dfrac{f(x,y)}{f_X(x)}=\begin{cases}\dfrac{1}{x}, & 0<y<x,\\ 0, & \text{其他}.\end{cases}$

(4) 因为 $P(X\leqslant 1, Y\leqslant 1)=\int_0^1 e^{-x}dx\int_0^x dy=1-2e^{-1}$,

$$P(Y\leqslant 1)=\int_0^1 e^{-x}dx\int_0^x dy+\int_1^{+\infty}e^{-x}dx\int_0^1 dy=1-e^{-1},$$

故条件概率 $P(X\leqslant 1\mid Y\leqslant 1)=\dfrac{P(X\leqslant 1, Y\leqslant 1)}{P(Y\leqslant 1)}=\dfrac{e-2}{e-1}$.

14. 解　利用 X 与 Y 的相互独立性可直接写出 (X, Y) 的联合分布律

X \ Y	-1	1	3	$p_{i\cdot}$
-2	$\frac{1}{8}$	$\frac{1}{16}$	$\frac{1}{16}$	$\frac{1}{4}$
-1	$\frac{1}{6}$	$\frac{1}{12}$	$\frac{1}{12}$	$\frac{1}{3}$
0	$\frac{1}{24}$	$\frac{1}{48}$	$\frac{1}{48}$	$\frac{1}{12}$
1	$\frac{1}{6}$	$\frac{1}{12}$	$\frac{1}{12}$	$\frac{1}{3}$
$p_{\cdot j}$	$\frac{1}{2}$	$\frac{1}{4}$	$\frac{1}{4}$	1

第 4 章 随机变量的数字特征

4.1 内容概要问答

1. 离散型随机变量的数学期望是什么？

答 已知离散型随机变量 X 的分布律

X	x_1	x_2	$\cdots$	x_k	$\cdots$
p_k	p_1	p_2	$\cdots$	p_k	$\cdots$

若级数 $\sum_{k=1}^{\infty} x_k p_k$ 绝对收敛，则 X 的数学期望为 $EX = \sum_{k=1}^{\infty} x_k p_k$.

2. 连续型随机变量的数学期望是什么？

答 连续型随机变量 X 的密度函数为 $f(x)$，若 $\int_{-\infty}^{+\infty} xf(x)\mathrm{d}x$ 绝对收敛，则 X 的数学期望为 $EX = \int_{-\infty}^{+\infty} xf(x)\mathrm{d}x$.

3. 随机变量函数的数学期望是什么？

答 $Y = g(X)$ 的数学期望 $EY = \begin{cases} \sum_{k=1}^{\infty} g(x_k)p_k, & X \text{ 为离散型}, \\ \int_{-\infty}^{+\infty} g(x)f(x)\mathrm{d}x, & X \text{ 为连续型}. \end{cases}$

4. 方差的定义与计算公式是什么？

答 若 $E(X-EX)^2$ 存在，则 X 的方差为

$$DX = E(X-EX)^2 = E(X^2) - (EX)^2.$$

5. 写出几种常用分布的数学期望和方差

答 (1) 设随机变量 X 服从(0—1)分布，则 $EX = p$, $DX = pq$；

(2) 设随机变量 $X \sim B(n, p)$，则 $EX = np$，$DX = npq$；

(3) 设随机变量 $X \sim \pi(\lambda)$，则 $EX = \lambda$，$DX = \lambda$；

(4) 设随机变量 $X \sim U(a, b)$，则 $EX = \frac{a+b}{2}$，$DX = \frac{(b-a)^2}{12}$；

(5) 设随机变量 $X \sim E(\lambda)$，则 $EX = \frac{1}{\lambda}$，$DX = \frac{1}{\lambda^2}$；

(6) 设随机变量 $X \sim N(\mu, \sigma^2)$，则 $EX = \mu$，$DX = \sigma^2$.

6. 数学期望与方差的性质是什么？

答　(1) $Ek = k$，$Dk = 0$；

(2) $E(kX) = kEX$，$D(kX) = k^2 DX$；

(3) $E(X_1 \pm X_2) = EX_1 \pm EX_2$，$D(aX + b) = a^2 DX$；

(4) 若 X_1，X_2 相互独立，则

$$E(X_1 \cdot X_2) = EX_1 \cdot EX_2, \quad D(X_1 \pm X_2) = DX_1 + DX_2.$$

7. 写出二元函数 $Z = g(X, Y)$ 的数学期望计算公式.

答　$$E[g(X, Y)] = \begin{cases} \sum_{i=1}^{n} \sum_{j=1}^{n} g(x_i, y_j) p_{ij}, \\ \int_{-\infty}^{+\infty} \int_{-\infty}^{+\infty} g(x, y) f(x, y) \mathrm{d}x \mathrm{d}y. \end{cases}$$

8. 什么是协方差与相关系数？

答　若随机变量 X，Y 的数学期望 EX，EY 与方差 DX，DY 都存在，则称 $\mathrm{Cov}(X, Y) = E[(X - EX)(Y - EY)]$ 为 X 与 Y 的协方差，称 $\rho_{XY} = \frac{\mathrm{Cov}(X, Y)}{\sqrt{DX}\sqrt{DY}}$ 为 X 与 Y 的相关系数.

9. 写出协方差与相关系数的性质.

答　(1) $\mathrm{Cov}(X, X) = DX$；　　(2) $\mathrm{Cov}(X, Y) = \mathrm{Cov}(Y, X)$；

(3) $|\rho_{XY}| \leqslant 1$；　　(4) $\mathrm{Cov}(aX, bY) = ab\mathrm{Cov}(X, Y)$；

(5) $\mathrm{Cov}(X_1 + X_2, Y) = \mathrm{Cov}(X_1, Y) + \mathrm{Cov}(X_2, Y)$.

10. 协方差的计算公式是什么？

答　(1) $\mathrm{Cov}(X, Y) = E(XY) - EX \cdot EY$；

(2) $D(X + Y) = DX + DY + 2\mathrm{Cov}(X, Y)$.

11. 随机变量 X 与 Y 的相关性与独立性的关系是什么？

答 随机变量 X 与 Y 相互独立，则 X 与 Y 一定不相关，因为

$E(XY)=EX\cdot EY\Rightarrow \mathrm{Cov}(X,Y)=0$，即 $\rho_{XY}=0$.

随机变量 X 与 Y 不相关说明随机变量 X 与 Y 之间没有线性关系；而随机变量 X 与 Y 独立，则说明随机变量 X 与 Y 之间没有任何关系.

4.2 基本要求及重点、难点提示

随机变量数字特征是描述随机变量分布特征的数字，它们能够集中地刻画出随机变量的特点. 随机变量的数字特征有：数学期望、方差、标准差、协方差、相关系数、各阶原点矩与中心距. 本章的基本要求：

(1) 理解数学期望和方差的概念，掌握它们的性质与计算方法.

(2) 会求简单随机变量函数的数学期望.

(3) 熟记二项分布、泊松分布、均匀分布、指数分布和正态分布的数学期望和方差.

(4) 理解协方差与相关系数的概念，掌握它们的性质与计算公式.

(5) 知道随机变量的不相关性，了解独立性与不相关性之间的关系.

本章重点 数学期望、方差、协方差与相关系数的计算.

本章难点 随机变量的独立性与互不相关之间的关系.

4.3 习题详解

1. 某射击比赛规定，每人独立对目标射 4 发. 若 4 发全不中则得 0 分；若只中 1 发，则得 15 分；若中 2 发，则得 30 分；若中 3 发，则得 55 分；若 4 发全中，则得 100 分，已知某人每发命中率为 0.6，求他的平均得分.

解 设 X 为某人在射击比赛中所得分数，其分布律为

X	0	15	30	55	100
p_k	$P(X=0)$	$P(X=15)$	$P(X=30)$	$P(X=55)$	$P(X=100)$

此问题是求 EX，为此要求出 $P(X=0)$, $P(X=15)$, …, $P(X=100)$.

再设某人对目标独立射击四发中目标数为 Y，则 $Y\sim B(n,p)$，其中 $n=4$，$p=\dfrac{3}{5}$. 根据题意有

$$P(X=0)=P(Y=0)=(1-p)^4,$$

$$P(X=15)=P(Y=1)=C_4^1 p(1-p)^3,$$
$$P(X=30)=P(Y=2)=C_4^2 p^2(1-p)^2,$$
$$P(X=55)=P(Y=3)=C_4^3 p^3(1-p),$$
$$P(X=100)=P(Y=4)=p^4,$$

于是

$$\begin{aligned}EX &= 0\times P(X=0)+15\times P(X=15)+30\times P(X=30)+\\ &\quad 55\times P(X=55)+100\times P(X=100)\\ &= 15\times C_4^1 p(1-p)^3+30\times C_4^2 p^2(1-p)^2+\\ &\quad 55\times C_4^3 p^3(1-p)+100\times p^4\\ &= 44.64.\end{aligned}$$

2. 有同类备件10个，其中7个正品，其余为次品，修理机器时从中无放回一件接一件地取，直到取得正品为止. 用 X 表示停止抽取时已取得备件的个数，求 EX.

解 X 的分布律为

X	1	2	3	4
p_k	$\frac{7}{10}$	$\frac{3}{10}\times\frac{7}{9}$	$\frac{3}{10}\times\frac{2}{9}\times\frac{7}{8}$	$\frac{3}{10}\times\frac{2}{9}\times\frac{1}{8}$

$$\begin{aligned}EX &= 1\times P(X=1)+2\times P(X=2)+3P(X=3)+4P(X=4)\\ &= 1.375.\end{aligned}$$

3. 某射手参加一种游戏，他有4次机会射击一个目标. 每射击一次须付费10元. 若他射中目标，则得奖金100元，且游戏停止. 若4次都未射中目标，则游戏停止且他要付罚款100元. 若他每次击中目标的概率为0.3，求他在此游戏中的收益的期望.

解 设 X 为射手得到的奖金，由题意得分布律

X	90	80	70	60	-140
p_k	0.3	0.7×0.3	$0.7^2\times0.3$	$0.7^3\times0.3$	0.7^4

$$EX = 0.3(90 + 80 \times 0.7 + 70 \times 0.7^2 + 60 \times 0.7^3) - 140 \times 0.7^4$$
$$= 60.264 - 33.614 = 26.65.$$

4. 设随机变量 X 与 Y 相互独立，$EX = 0$，$DX = 1$，$EY = 1$，求 $E[X(2X + 3Y - 1)]$.

解 $E[X(2X+3Y-1)] = 2E(X^2) + 3EX \cdot EY - EX = 2[DX + (EX)^2] = 2.$

5. 设随机变量 X 的密度函数为 $f(x) = \begin{cases} 2\mathrm{e}^{-2x}, & x \geqslant 0, \\ 0, & x < 0. \end{cases}$

求 $Y = 2X$ 和 $Z = \mathrm{e}^{-3X}$ 的数学期望和方差.

解 因为 X 服从参数为 2 的指数分布，所以

$$EX = \frac{1}{2}, \quad DX = \frac{1}{4}, \quad EY = 2EX = 1, \quad DY = 4DX = 1,$$

$$EZ = 2\int_0^{+\infty} \mathrm{e}^{-3x}\mathrm{e}^{-2x}\mathrm{d}x = 2\int_0^{+\infty} \mathrm{e}^{-5x}\mathrm{d}x = \frac{-2}{5}\mathrm{e}^{-5x}\Big|_0^{+\infty} = \frac{2}{5},$$

$$E(Z^2) = 2\int_0^{+\infty} \mathrm{e}^{-6x}\mathrm{e}^{-2x}\mathrm{d}x = 2\int_0^{+\infty} \mathrm{e}^{-8x}\mathrm{d}x = \frac{-1}{4}\mathrm{e}^{-8x}\Big|_0^{+\infty} = \frac{1}{4},$$

$$DZ = \frac{1}{4} - \left(\frac{2}{5}\right)^2 = 0.09.$$

6. 已知随机变量 $X \sim B(n, p)$，且 $EX = 8$，$DX = 1.6$，求 n，p.

解 由题意得

$$EX = np = 8, \quad DX = np(1-p) = 1.6, \quad n = 10, \; p = 0.8.$$

7. 设随机变量 X 的分布律为 $P(X = k) = \dfrac{C}{k!}$ $(k = 0, 1, \cdots)$，求 $E(X^2)$.

解 由归一性得 $1 = \sum\limits_{k=0}^{\infty} P(X = k) = C\sum\limits_{k=0}^{\infty} \dfrac{1}{k!} = C\mathrm{e}$，所以 $C = \mathrm{e}^{-1}$，即随机变量 X 服从参数为 1 的泊松分布，于是

$$DX = EX = 1, \quad E(X^2) = DX + (EX)^2 = 2.$$

8. 设随机变量 X, Y 相互独立，且 $EX=2$, $DX=1$, $EY=1$, $DY=4$，试求下列随机变量的均值与方差. (1) $Z_1=X-2Y-5$；(2) $Z_2=2X-Y+7$.

解 $EZ_1=E(X-2Y-5)=EX-2EY-5=2-2-5=-5$,

$DZ_1=D(X-2Y-5)=DX+4DY=1+16=17$；

$EZ_2=E(2X-Y+7)=2EX-EY+7=4-1+7=10$,

$DZ_2=D(2X-Y+7)=4DX+DY=4+4=8$.

9. 已知100件同型号产品中，有10件次品，其余为正品，今从中任取5件，用 X 表示次品数，求 EX, DX.

解　方法1　X 的分布律为

X	0	1	2	3	4	5
p_k	$\frac{C_{90}^5}{C_{100}^5}$	$\frac{C_{10}^1C_{90}^4}{C_{100}^5}$	$\frac{C_{10}^2C_{90}^3}{C_{100}^5}$	$\frac{C_5^3C_{90}^2}{C_{100}^5}$	$\frac{C_{10}^4C_{90}^1}{C_{100}^5}$	$\frac{C_{10}^5}{C_{100}^5}$

$$EX=\frac{C_{10}^1C_{90}^4}{C_{100}^5}+2\frac{C_{10}^2C_{90}^3}{C_{100}^5}+3\frac{C_5^3C_{90}^2}{C_{100}^5}+4\frac{C_{10}^4C_{90}^1}{C_{100}^5}+5\frac{C_{10}^5}{C_{100}^5}\approx 0.5,$$

$$E(X^2)=\frac{C_{10}^1C_{90}^4}{C_{100}^5}+4\frac{C_{10}^2C_{90}^3}{C_{100}^5}+9\frac{C_5^3C_{90}^2}{C_{100}^5}+16\frac{C_{10}^4C_{90}^1}{C_{100}^5}+25\frac{C_{10}^5}{C_{100}^5}\approx 0.68,$$

$$DX=E(X^2)-(EX)^2\approx 0.43.$$

方法2　X 服从超几何分布，对于此题 $N=100$, $M=10$, $n=5$.
根据超几何分布的期望与方差的公式得

$$EX=n\frac{M}{N}=0.5,\quad DX=\frac{n(N-n)(N-M)M}{N^2(N-1)}\approx 0.432.$$

10. 设随机变量 $X\sim\pi(2)$, $Y\sim B(3, 0.6)$，且互相独立，求 $E(X-2Y)$, $D(X-2Y)$.

解 $EX=2$,　$DX=2$,　$EY=1.8$,　$DY=0.72$.

$E(X-2Y)=EX-2EY=2-3.6=-1.6$,

$D(X-2Y)=DX+4DY=2+2.88=4.88$.

11. 设随机变量 X 的密度函数为 $f(x)=\begin{cases} kx(1-x), & 0<x<1, \\ 0, & \text{其他}. \end{cases}$

求(1) 常数 k;(2) X 的分布函数 $F(x)$;(3) $P\left(\frac{1}{2}<X\leqslant\frac{3}{2}\right)$;(4) X 的数学期望 EX 和方差 DX.

解 (1) $1=k\int_0^1(x-x^2)\mathrm{d}x=k\left(\frac{1}{2}-\frac{1}{3}\right)=\frac{k}{6}$,解得 $k=6$.

(2) $F(x)=\begin{cases} 0, & x<0, \\ 3x^2-2x^3, & x\leqslant 0<1, \\ 1, & x\geqslant 1. \end{cases}$

(3) $P\left(\frac{1}{2}<X\leqslant\frac{3}{2}\right)=F\left(\frac{3}{2}\right)-F\left(\frac{1}{2}\right)=\frac{1}{2}$.

(4) $EX=6\int_0^1(x^2-x^3)\mathrm{d}x=6\left(\frac{1}{3}-\frac{1}{4}\right)=\frac{1}{2}$,

$$E(X^2)=6\int_0^1(x^3-x^4)\mathrm{d}x=6\left(\frac{1}{4}-\frac{1}{5}\right)=\frac{3}{10},$$

$$DX=E(X^2)-(EX)^2=\frac{1}{20}.$$

12. 设 X 的密度为 $f(x)=\begin{cases} kx(1-x), & 0<x<1, \\ 0, & \text{其他}. \end{cases}$

试求 $P(a-2b<X<a+2b)$,其中 $a=EX$, $b=DX$.

解 $1=k\int_0^1(x-x^2)\mathrm{d}x=k\left(\frac{1}{2}-\frac{1}{3}\right)=\frac{k}{6}$,解得 $k=6$.

$$a=EX=6\int_0^1(x^2-x^3)\mathrm{d}x=\frac{1}{2},$$

$$E(X^2)=6\int_0^1(x^3-x^4)\mathrm{d}x=\frac{3}{10},$$

$$b=DX=E(X^2)-(EX)^2=\frac{1}{20},$$

$$P(a-2b<X<a+2b)=P\left(\frac{2}{5}<X<\frac{3}{5}\right)=6\int_{\frac{2}{5}}^{\frac{3}{5}}(x-x^2)\mathrm{d}x$$

$$=\frac{37}{125}\approx 0.296.$$

13. 设 X 的分布函数为 $F(x)=\begin{cases}0, & x<2,\\ 1-\dfrac{8}{x^3}, & x\geqslant 2.\end{cases}$

求 EX, DX, $E\left(\dfrac{2}{3}X-2\right)$, $D\left(\dfrac{2}{3}X-2\right)$.

解　$f(x)=F'(x)=\begin{cases}0, & x<2,\\ \dfrac{24}{x^4}, & x\geqslant 2,\end{cases}$

$$EX=24\int_2^{+\infty}\frac{1}{x^3}\mathrm{d}x=12x^{-2}\Big|_{+\infty}^{2}=3,$$

$$E(X^2)=24\int_2^{+\infty}\frac{1}{x^2}\mathrm{d}x=12,\quad DX=E(X^2)-(EX)^2=3,$$

$$E\left(\frac{2}{3}X-2\right)=\frac{2}{3}EX-2=0,\quad D\left(\frac{2}{3}X-2\right)=\frac{4}{9}DX=\frac{4}{3}.$$

14. 求解下列各题.

(1) 已知 X 的概率密度为 $f(x)=\dfrac{1}{\sqrt{\pi}}\mathrm{e}^{-x^2+2x-1}$,求 EX, DX;

(2) 设 X 服从参数 $\lambda=1$ 的指数分布,求 $E(X+3^{-2X})$;

(3) 设 X 表示 10 次独立重复射击命中目标的次数,每次射击命中目标的概率为 0.4,求 $E(X^2)$;

(4) 设 X, Y, Z 相互独立, $X\sim U(0,6)$, $Y\sim E(2)$, $Z\sim\pi(3)$,令 $W=X-2Y+3Z$,求 EW, DW.

解　(1) 因为 $f(x)=\dfrac{1}{\frac{1}{\sqrt{2}}\sqrt{2\pi}}\mathrm{e}^{-\frac{(x-1)^2}{2\left(\frac{1}{\sqrt{2}}\right)^2}}$, $\sigma=\dfrac{1}{\sqrt{2}}$, $\mu=1$,解得 $EX=1$,

$DX=\dfrac{1}{2}$.

(2) $f(x)=\begin{cases}e^{-x}, & x\geqslant 0,\\ 0, & x<0,\end{cases}\quad EX=1,$

$$E(3^{-2X})=\int_0^{+\infty}9^{-x}e^{-x}dx=\int_0^{+\infty}(9e)^{-x}dx=\frac{(9e)^{-x}}{\ln(9e)}\Big|_{+\infty}^{0}=\frac{1}{2\ln 3+1}.$$

$$E(X+3^{-2X})=EX+E(3^{-2X})=\frac{2\ln 3+2}{2\ln 3+1}.$$

(3) 已知 $X\sim B(10,\ 0.4)$，$EX=10\times 0.4=4$，

$DX=10\times 0.4\times 0.6=2.4$，

$E(X^2)=DX+(EX)^2=2.4+16=18.4.$

(4) 由题意知

$$EX=3,\ DX=\frac{6^2}{12}=3,\ EY=\frac{1}{2},\ DY=\frac{1}{4},\ E(Z)=3,\ DZ=3,$$

$$EW=E(X-2Y+3Z)=EX-2EY+3EZ=3-1+9=11,$$

$$DW=D(X-2Y+3Z)=DX+4DY+9DZ=3+1+27=31.$$

15. 已知二维随机变量(X,Y)的概率密度为

$$f(x,\ y)=\begin{cases}x+y, & 0\leqslant x\leqslant 1,\ 0\leqslant y\leqslant 1,\\ 0, & 其他.\end{cases}$$

求EX，EY，$E(XY)$.

解 $EX=\int_0^1 x dx\int_0^1(x+y)dy=\int_0^1\left(x^2+\frac{1}{2}x\right)dx=\frac{1}{3}+\frac{1}{4}=\frac{7}{12}=EY$，

$$E(XY)=\int_0^1 x dx\int_0^1 y(x+y)dy=\int_0^1\left(\frac{x^2}{2}+\frac{1}{3}x\right)dx=\frac{1}{6}+\frac{1}{6}=\frac{1}{3}.$$

16. 设二维随机变量(X,Y)的概率密度为

$$f(x,\ y)=\begin{cases}2-x-y, & 0\leqslant x\leqslant 1,\ 0\leqslant y\leqslant 1,\\ 0, & 其他.\end{cases}$$

(1) 判断X，Y是否相互独立；(2) 求$E(XY)$，$D(X+Y)$.

解 当$0\leqslant x\leqslant 1$时，

$$f_X(x)=\int_0^1(2-x-y)\mathrm{d}y=2-x-\frac{1}{2}=\frac{3}{2}-x,$$

$$f_X(x)=\begin{cases}\frac{3}{2}-x, & 0\leqslant x\leqslant 1,\\ 0, & \text{其他}.\end{cases}$$

同理
$$f_Y(y)=\begin{cases}\frac{3}{2}-y, & 0\leqslant y\leqslant 1,\\ 0, & \text{其他}.\end{cases}$$

因为 $f(x, y)\neq f_X(x)f_Y(y)$，则 X, Y 不是相互独立.

$$E(XY)=\iint_D xyf(x, y)\mathrm{d}\sigma=\int_0^1 x\mathrm{d}x\int_0^1 y(2-x-y)\mathrm{d}y=\int_0^1 x\left(\frac{2}{3}-\frac{x}{2}\right)\mathrm{d}x$$
$$=\frac{1}{3}-\frac{1}{6}=\frac{1}{6},$$

$$EX=\int_0^1 xf_X(x)\mathrm{d}x=\int_0^1\left(\frac{3}{2}x-x^2\right)\mathrm{d}x=\frac{3}{4}-\frac{1}{3}=\frac{5}{12}=EY,$$

$$\mathrm{Cov}(X, Y)=E(XY)-EXEY=\frac{1}{6}-\frac{25}{144}=\frac{-1}{144},$$

$$E(X^2)=\int_0^1 x^2 f_X(x)\mathrm{d}x=\int_0^1\left(\frac{3}{2}x^2-x^3\right)\mathrm{d}x=\frac{1}{2}-\frac{1}{4}=\frac{1}{4}=E(Y^2),$$

$$DX=DY=\frac{11}{144},$$

$$D(X+Y)=DX+DY+2\mathrm{Cov}(X, Y)=\frac{5}{36}.$$

17. 设随机变量 (X, Y) 为以点 $(1, 0)(0, 1)(1, 1)$ 三角形区域上的均匀分布，求随机变量 $Z=X+Y$ 的期望与方差.

解　由题意知，(X, Y) 的联合密度函数为

$$f(x, y)=\begin{cases}2, & 0<x<1,\ x<y<1,\\ 0, & \text{其他},\end{cases}$$

$$EZ=E(X+Y)=\int_0^1\mathrm{d}x\int_{1-x}^1 2(x+y)\mathrm{d}y=\int_0^1(x^2+2x)\mathrm{d}x=\frac{4}{3}.$$

$$E(Z^2)=E[(X+Y)^2]=\int_0^1 \mathrm{d}x\int_{1-x}^1 2(x+y)^2\mathrm{d}y=\frac{2}{3}\int_0^1 (x+y)^3\Big|_{1-x}^1\mathrm{d}x$$
$$=\frac{2}{3}\int_0^1[(x+1)^3-1]\mathrm{d}x=\frac{11}{6}.$$

于是 $$DZ=E(Z^2)-(EZ)^2=\frac{1}{18}.$$

18. 设随机变量 $X\sim\pi(16)$，$Y\sim E(2)$，且相关系数 $\rho_{XY}=-\frac{1}{2}$，求 $\mathrm{Cov}(X,Y+1)$.

解 $DX=16$，$DY=\frac{1}{4}$，

$$\mathrm{Cov}(X,Y+1)=\mathrm{Cov}(X,Y)=\rho_{XY}\sqrt{DX\cdot DY}=\left(-\frac{1}{2}\right)\times 4\times\frac{1}{2}=-1.$$

19. 设二维连续型随机变量 (X,Y) 是以 $(0,0)(1,0)$ 和 $(0,1)$ 为顶点的三角形 D 内服从均匀分布，求(1) 边缘概率密度 $f_X(x)$，$f_Y(y)$；(2) X 与 Y 的协方差 $\mathrm{Cov}(\overline{X},\overline{Y})$.

解 由题意知 $f(x,y)=\begin{cases}2, & (x,y)\in D,\\ 0, & (x,y)\notin D.\end{cases}$

(1) $$f_X(x)=\int_{-\infty}^{+\infty}f(x,y)\mathrm{d}y=\begin{cases}2\int_0^{1-x}\mathrm{d}y=2(1-x), & 0<x<1,\\ 0, & \text{其他；}\end{cases}$$

$$f_Y(y)=\begin{cases}2(1-y), & 0<y<1,\\ 0, & \text{其他}.\end{cases}$$

(2) $$EX=2\int_0^1 x(1-x)\mathrm{d}x=\frac{1}{3}=EY,\quad E(XY)=\int_0^1 x\mathrm{d}x\int_0^{1-x}2y\mathrm{d}y=\frac{1}{12},$$

$$\mathrm{Cov}(X,Y)=E(XY)-EX\cdot EY=\frac{-1}{36}.$$

20. 已知随机变量 X 与 Y 相互独立，且 $X\sim N(0,4)$，$Y\sim N(0,4)$，$W=2X+3Y$，$Z=2X-3Y$，求 ρ_{WZ}.

解 由题意知 $\rho_{WZ}=\dfrac{E(WZ)-EW\cdot EZ}{\sqrt{DW}\sqrt{DZ}}$. 而 $EX=EY=0$, $DX=DY=4$,

则
$$EW=2EX+3EY=0,\quad EZ=2EX-3EY=0,$$
$$E(WZ)=E(4X^2-9Y^2)=4E(X^2)-9E(Y^2)=4DX-9DY=-20,$$
$$DW=4DX+9DY=52=DZ,$$

所以
$$\rho_{WZ}=\frac{-20-0}{\sqrt{52\times 52}}=-\frac{5}{13}.$$

21. 设 $X\sim B(4,0.8)$, $Y\sim \pi(4)$, $D(X+Y)=3.6$, 求相关系数 ρ_{XY}.

解 由题意可得
$$EX=3.2,\quad DX=0.64,\quad EY=4,\quad DY=4.$$
$$D(X+Y)=DX+DY+2\mathrm{Cov}(X,Y)=3.6.$$

则
$$\mathrm{Cov}(X,Y)=-0.52,$$
$$\rho_{XY}=\frac{\mathrm{Cov}(X,Y)}{\sqrt{DX}\sqrt{DY}}=\frac{-0.52}{\sqrt{0.64\times 4}}\approx -0.325.$$

22. 设二维随机变量 (X,Y) 在以 $(0,0)(0,2)(2,0)$ 为顶点的三角形域上服从均匀分布，求 $\mathrm{Cov}(X,Y)$, ρ_{XY}.

解 由题可得 D 的面积 $A=2$，则
$$f(x,y)=\begin{cases}\dfrac{1}{2}, & 0\leqslant x\leqslant 2,\ 0\leqslant y\leqslant 2-x,\\ 0, & \text{其他},\end{cases}$$
$$f_X(x)=\begin{cases}\dfrac{1}{2}\displaystyle\int_0^{2-x}\mathrm{d}y=1-\dfrac{x}{2}, & 0<x<2,\\ 0, & \text{其他},\end{cases}$$
$$f_Y(y)=\begin{cases}1-\dfrac{y}{2}, & 0<y<2,\\ 0, & \text{其他},\end{cases}$$

$$E(XY)=\iint_D xyf(x,y)\mathrm{d}\sigma=\frac{1}{2}\int_0^2 x\mathrm{d}x\int_0^{2-x} y\mathrm{d}y=\frac{1}{4}\int_0^2 x(x-2)^2\mathrm{d}x$$

$$=\frac{1}{4}\int_0^2 (x^3-4x^2+4x)\mathrm{d}x=\frac{1}{3},$$

$$EX=\int_0^2 xf_X(x)\mathrm{d}x=\frac{1}{2}\int_0^2\left(x-\frac{x^2}{2}\right)\mathrm{d}x=\frac{x^2}{2}\left(\frac{1}{2}-\frac{x}{6}\right)\Big|_0^2=\frac{2}{3}=EY,$$

$$\mathrm{Cov}(X,Y)=E(XY)-EX\cdot EY=\frac{1}{3}-\frac{2}{3}\times\frac{2}{3}=-\frac{1}{9},$$

$$E(X^2)=\int_0^2 x^2 f_X(x)\mathrm{d}x=\int_0^2\left(x^2-\frac{x^3}{2}\right)\mathrm{d}x=x^3\left(\frac{1}{3}-\frac{x}{8}\right)\Big|_0^2=\frac{2}{3}=E(Y^2),$$

$$DX=E(X^2)-(EX)^2=\frac{2}{3}-\left(\frac{2}{3}\right)^2=\frac{2}{9}=DY,$$

$$\rho_{XY}=\frac{\mathrm{Cov}(X,Y)}{\sqrt{DX}\sqrt{DY}}=\frac{-\frac{1}{9}}{\frac{2}{9}}=-\frac{1}{2}.$$

23. 设二维随机变量(X,Y)的分布律为

p_{ij} Y / X	0	1
0	0.1	0.2
1	0.3	0.4

求EX，EY，DY，$\mathrm{Cov}(X,Y)$，ρ_{XY}.

解

X	0	1
p_k	0.3	0.7

Y	0	1
p_k	0.4	0.6

XY	0	1
p_k	0.6	0.4

$EX=0.7$，　$E(X^2)=0.7$，

$DX=E(X^2)-(EX)^2=0.7-0.7^2=0.21$，

$EY = 0.6$，　$E(Y^2) = 0.6$，

$DY = E(Y^2) - (EY)^2 = 0.6 - 0.6^2 = 0.24$，

$E(XY) = 0.4$，

$\mathrm{Cov}(X, Y) = E(XY) - EX \cdot EY = 0.4 - 0.6 \times 0.7 = -0.02$，

$$\rho_{XY} = \frac{\mathrm{Cov}(X, Y)}{\sqrt{DX}\sqrt{DY}} = \frac{-0.02}{\sqrt{0.24 \times 0.21}} = -\frac{\sqrt{14}}{42} = -0.09.$$

24. 已知随机变量 $X_1, X_2, \cdots, X_n (n > 1)$ 相互独立且同分布，且 $D(X_k) = \sigma^2, k = 1, 2, \cdots, n, Y = \frac{1}{n}\sum_{k=1}^{n} X_k$，计算 $\mathrm{Cov}(X_1, Y)$.

解　因为 $X_1, X_2, \cdots, X_n$ 相互独立，故

$$\mathrm{Cov}(X_1, X_i) = E(X_1X_i) - E(X_1)E(X_i) = 0, \quad i = 2, 3, \cdots, n.$$

$$\mathrm{Cov}(X, Y) = \frac{1}{n}\mathrm{Cov}(X_1, \sum_{i=1}^{n} X_i) = \frac{1}{n}[\mathrm{Cov}(X_1, X_1) + \sum_{i=2}^{n}\mathrm{Cov}(X_1, X_i)]$$
$$= \frac{1}{n}D(X_1) = \frac{\sigma^2}{n}.$$

25. 设 $DX = 16$，$DY = 25$，$\rho_{XY} = 0.3$，求 $D(X+Y)$.

解　$\mathrm{Cov}(X, Y) = \rho_{XY}\sqrt{DX \cdot DY} = 6$，

$D(X+Y) = DX + DY + 2\mathrm{Cov}(X, Y) = 53.$

26. 设二维随机变量 (X, Y) 的概率密度为

$$f(x, y) = \begin{cases} \frac{1}{2}\sin(x+y), & 0 \leqslant x \leqslant \frac{\pi}{2}, 0 \leqslant y \leqslant \frac{\pi}{2}, \\ 0, & \text{其他}. \end{cases}$$

求 $EX, EY, DX, DY, \mathrm{Cov}(X, Y), \rho_{XY}$.

解　$$f_X(x) = \begin{cases} \frac{1}{2}\int_0^{\frac{\pi}{2}} \sin(x+y)\mathrm{d}y = \frac{1}{2}(\sin x + \cos x), & 0 < x < \frac{\pi}{2}, \\ 0, & \text{其他}, \end{cases}$$

$$f_Y(y)=\begin{cases}\frac{1}{2}(\sin y+\cos y), & 0<y<\frac{\pi}{2},\\ 0, & \text{其他},\end{cases}$$

$$EX=\int_0^2 xf_X(x)\mathrm{d}x=\frac{1}{2}\int_0^{\frac{\pi}{2}}x(\sin x+\cos x)\mathrm{d}x=\frac{1}{2}\int_0^{\frac{\pi}{2}}x\mathrm{d}(\sin x-\cos x)$$

$$=\frac{1}{2}[x(\sin x-\cos x)+\cos x+\sin x]\Big|_0^{\frac{\pi}{2}}=\frac{\pi}{4}=EY,$$

$$E(X^2)=\int_0^2 x^2 f_X(x)\mathrm{d}x=\frac{1}{2}\int_0^{\frac{\pi}{2}}x^2\sin(x+y)\mathrm{d}x=\frac{\pi^2}{8}+\frac{\pi}{2}-2=E(Y^2),$$

$$DX=E(X^2)-(EX)^2=\frac{\pi^2}{8}+\frac{\pi}{2}-2-\frac{\pi^2}{16}=0.1876=DY,$$

$$E(XY)=\iint\limits_D xyf(x,y)\mathrm{d}\sigma=\frac{1}{2}\int_0^{\frac{\pi}{2}}x\mathrm{d}x\int_0^{\frac{\pi}{2}}y\sin(x+y)\mathrm{d}y=\frac{\pi}{2}-1,$$

$$\mathrm{Cov}(X,Y)=E(XY)-EX\cdot EY=\frac{\pi}{2}-1-\frac{\pi^2}{16}=-0.046,$$

$$\rho_{XY}=\frac{\mathrm{Cov}(X,Y)}{\sqrt{DX}\sqrt{DY}}=\frac{-0.046}{0.1876}=-0.245.$$

27. 已知二维随机变量(X,Y)的概率密度为

$$f(x,y)=\begin{cases}\frac{3}{8}, & |y|\leqslant 1-x^2, -1\leqslant x\leqslant 1,\\ 0, & \text{其他}.\end{cases}$$

问 X, Y 是否相互独立,是否相关?

解 当$-1\leqslant x\leqslant 1$时,$f_X(x)=\frac{3}{8}\int_{x^2-1}^{1-x^2}\mathrm{d}y=\frac{3}{4}(1-x^2)$,

$$f_X(x)=\begin{cases}\frac{3}{4}(1-x^2), & -1\leqslant x\leqslant 1,\\ 0, & \text{其他};\end{cases}$$

当$-1\leqslant y\leqslant 0$时,$f_Y(y)=\frac{3}{8}\int_{-\sqrt{y+1}}^{\sqrt{y+1}}\mathrm{d}x=\frac{3}{4}\sqrt{y+1}$;

当 $0\leqslant y\leqslant 1$ 时，$f_Y(y)=\dfrac{3}{8}\int_{-\sqrt{1-y}}^{\sqrt{1-y}}\mathrm{d}x=\dfrac{3}{4}\sqrt{1-y}$，

$$f_Y(y)=\begin{cases}\dfrac{3}{4}\sqrt{y+1}, & -1\leqslant y\leqslant 0,\\ \dfrac{3}{4}\sqrt{1-y}, & 0\leqslant y\leqslant 1,\\ 0, & \text{其他}.\end{cases}$$

因为 $f(x, y)\neq f_X(x)f_Y(y)$，则 X，Y 不是相互独立.

且 $E(XY)=\iint\limits_D xyf(x, y)\mathrm{d}\sigma=0$，$EX=\iint\limits_D xf(x, y)\mathrm{d}\sigma=0$（利用对称性），

$\mathrm{Cov}(X, Y)=E(XY)-EX\cdot EY=0$，则 X 和 Y 不相关.

28. 已知二维随机变量 (X, Y) 的概率密度为

$$f(x, y)=\begin{cases}6x^2y, & 0\leqslant x\leqslant 1, 0\leqslant y\leqslant 1,\\ 0, & \text{其他}.\end{cases}$$

问 X 与 Y 是否相互独立，是否相关？

解 $f_X(x)=\begin{cases}6x^2\int_0^1 y\mathrm{d}y=3x^2, & 0\leqslant x\leqslant 1,\\ 0, & \text{其他},\end{cases}$

$$f_Y(y)=\begin{cases}6y\int_0^1 x^2\mathrm{d}x=2y, & 0\leqslant y\leqslant 1,\\ 0, & \text{其他}.\end{cases}$$

因为 $f(x, y)=f_X(x)f_Y(y)$，则 X，Y 相互独立，X 和 Y 不相关.

29. 设随机变量 X 的概率密度为 $f(x)=\begin{cases}\dfrac{1}{2}\cos\dfrac{x}{2}, & 0\leqslant x\leqslant \pi,\\ 0, & \text{其他}.\end{cases}$ 对 X 独立地重复观察 4 次，用 Y 表示观察值大于 $\dfrac{\pi}{3}$ 的次数，求 Y^2 的数学期望 $E(Y^2)$.

解 随机变量 Y 服从二项分布，即 $Y\sim B(4, p)$，其中 p 为一次观测下 X 值大于 $\dfrac{\pi}{3}$ 的概率，而

$$p=P\left(X>\frac{\pi}{3}\right)=\int_{\frac{\pi}{3}}^{\pi}\frac{1}{2}\cos\frac{x}{2}\mathrm{d}x=\sin\frac{x}{2}\bigg|_{\frac{\pi}{3}}^{\pi}=\frac{1}{2}.$$

由于 $Y\sim B\left(4,\frac{1}{2}\right)$，得 $EY=2$，$DY=1$，则 $E(Y^2)=(EY)^2+DY=5$.

4.4 同步练习题及答案

一、填空题

1. 设 $X\sim B(10,0.3)$，则 $EX=$________，$DX=$________.

2. 设随机变量 X 取非负整数 k，且 $P(X=k)=\dfrac{1}{k!\mathrm{e}}$，则 $EX=$________.

3. 设随机变量 X 的数学期望为 $EX=2$，方差 $DX=4$，则 $E(X^2)=$________.

4. 设 $X\sim N(3,4)$，则 $EX=$________，$E(X^2)=$________.

5. 已知 $DX=2$，$DY=1$，且 X 和 Y 相互独立，则 $D(X-2Y)=$________.

6. 设随机变量 X 的密度函数为 $f(x)=\begin{cases}\dfrac{1}{2}, & 0\leqslant x\leqslant 2,\\ 0, & \text{其他},\end{cases}$ 则 $EX=$________.

7. 设 $X\sim E(2)$，则 $D(2X-3)=$________.

8. 设 $X\sim\pi(\lambda)$，已知 Y 满足 $X^2-2X+Y=0$，且 $EY=-2$，则 $\lambda=$________.

9. 若 X 的分布律为

X	3	4	5
p_k	0.1	0.3	0.6

，则 $EX=$________，$DX=$________.

10. 在 15 000 人中有 100 人是戴眼镜的，现从中抽取 300 人，其中戴眼镜的人数 X 的数学期望 $EX=$________.

11. 设随机变量 X 的密度函数为 $f(x)=\begin{cases}\lambda\mathrm{e}^{\lambda x}, & x<0,\\ 0, & x\geqslant 0,\end{cases}$ 已知 $EX=-1$，则 $DX=$________.

12. 设随机变量 X 和 Y 相互独立，X 和 Y 的概率密度分别为

$$f(x)=\begin{cases}1, & 0\leqslant x\leqslant 1,\\ 0, & \text{其他},\end{cases}\qquad f(y)=\begin{cases}2\mathrm{e}^{-2y}, & y>0,\\ 0, & y\leqslant 0,\end{cases}$$

则 $E(XY)=$________.

13. 设随机变量 X, Y 相互独立,且概率密度分别为

$$f(x)=\begin{cases}2e^{-2x}, & x>0,\\ 0, & x\leqslant 0,\end{cases}\quad f(y)=\begin{cases}4e^{-4y}, & y>0,\\ 0, & y\leqslant 0,\end{cases}$$

则 $E(X+Y)=$ ________, $E(XY)=$ ________.

14. 设随机变量 X 和 Y 相互独立,且 $X\sim\pi(2)$, $Y\sim\pi(3)$,则 $E(aX+bY)=$ ________, $D(aX+bY)=$ ________.

15. 随机变量机变量 X 和 Y 相互独立,且 $EX=EY=0$, $E(X^2)=E(Y^2)=1$,则 $E[(X+Y)^2]=$ ________, $D(X+Y)=$ ________.

16. 设随机变量 X, Y 相互独立, $X\sim U(0,6)$, $Y\sim B(10,0.5)$,令 $Z=X-2Y$,则 $EZ=$ ________, $DZ=$ ________.

17. 如果随机变量 X 和 Y 满足 $E(XY)=EX\cdot EY$,则 $D(X+Y)-D(X-Y)=$ ________.

18. $\mathrm{Cov}(X_1,Y)=6$, $\mathrm{Cov}(X_2,Y)=2$,则 $\mathrm{Cov}(5X_1+3X_2,Y)=$ ________.

19. 设 $Z\sim\pi(16)$, $Y\sim E(2)$,其密度函数为 $f(y)=\begin{cases}2e^{-2y}, & y>0,\\ 0, & y\leqslant 0,\end{cases}$ 且 $\rho_{XY}=-\frac{1}{2}$,则 $\mathrm{Cov}(X,Y+1)=$ ________.

20. 设随机变量为 X 与 Y,已知 $DX=25$, $DY=36$, $\rho_{XY}=0.4$,则 $\mathrm{Cov}(X,Y)=$ ________.

21. 随机变量 X 和 Y 的相关系数 $\rho=0.5$, $EX=EY=0$, $E(X^2)=E(Y^2)=2$,则 $E(X+Y)^2=$ ________.

22. 设 X, Y 为随机变量,已知协方差 $\mathrm{Cov}(X,Y)=3$,则 $\mathrm{Cov}(2X,3Y)=$ ________.

二、计算题

1. 某随机变量 X 的概率分布为 $P(X=k)=0.2$, $k=1,2,3,4,5$,求 EX, DX 及 $E(X+2)^2$.

2. 已知随机变量的 $EX=-1$, $DX=3$,求 $E[3(X^2-2)]$.

3. 设随机变量 X 的密度函数为 $f(x)=\begin{cases}2e^{-2x}, & x\geqslant 0,\\ 0, & x<0,\end{cases}$ 求 $Y=2X$ 和 $Z=e^{-3x}$ 的数学期望和方差.

4. 地铁列车的运行间隔时间为 2 min 一班,某旅客可能在任意时刻进入月

台,求他候车时间 X 的数学期望和方差.

5. 设随机变量 X 的密度函数为 $f(x)=\begin{cases} ax^b, & 0\leqslant x\leqslant 1, \\ 0, & \text{其他}, \end{cases}$ $a>0, b>0$,已知 $EX=0.75$,求 a 和 b.

6. 设连续型随机变量 X 的分布函数为 $F(x)=\begin{cases} 0, & x>-1, \\ a+b\arcsin x, & -1\leqslant x<1, \\ 1, & x\geqslant 1, \end{cases}$ 求 a, b, EX.

7. 设随机变量 X 的密度函数为 $f(x)=\begin{cases} \dfrac{3x^2}{2}, & -1\leqslant x\leqslant 1, \\ 0, & \text{其他}, \end{cases}$ 求 $P(|X-EX|<2DX)$.

8. 设随机变量 X 的概率密度为 $f(x)=\begin{cases} 1+x, & -1<x<0, \\ 1-x, & 0\leqslant x<1, \end{cases}$ 求 DX.

9. 设随机变量 X, Y 相互独立,已知 $DX=DY=1$,求 $D(XY)-(EX)^2-(EY)^2$ 的值.

10. 设随机变量 X 的概率密度函数为 $f(x)=\dfrac{1}{2}\mathrm{e}^{-|x|}$, $-\infty<x<+\infty$,求 EX, $E(X^2)$, $E[\min(|x|, 1)]$.

11. 设随机变量 X 的分布函数为 $F(x)=0.3\Phi(x)+0.7\Phi\left(\dfrac{x-1}{2}\right)$,其中 $\Phi(x)$ 为标准正态分布的分布函数,求 EX.

12. 假设设备开机后无故障工作时间 X 服从指数分布,平均无故障工作时间 $EX=5$. 设备定时开机,出现故障时自动关机,而无故障情况下工作 2 h 关机. 求该设备每次开机无故障工作时间 Y 的分布函数 $F_Y(y)$.

13. 设 $DX=4$, $DY=9$, $\rho_{XY}=-\dfrac{1}{2}$, $W=X-2Y+3$,求 DW, ρ_{XW}.

14. 设二维随机变量(X, Y)在区域 $D=\{(x, y)\mid 0\leqslant x\leqslant 1, 0\leqslant y\leqslant x\}$ 上服从均匀分布,求相关系数 ρ_{XY}.

15. 设二维随机变量(X, Y)的联合密度为

$$f(x, y)=\begin{cases} \dfrac{(x+y)}{8}, & 0\leqslant x\leqslant 2, 0\leqslant y\leqslant 2, \\ 0, & \text{其他}. \end{cases}$$

求相关系数 ρ_{XY}.

16. 二维随机变量(X, Y)的联合密度函数为

$$f(x, y)=\begin{cases} e^{-x-y}, & x>0, y>0, \\ 0, & \text{其他}. \end{cases}$$

求 $\mathrm{Cov}(X, Y)$, ρ_{XY}.

17. 设二维随机变量(X, Y)在区域 $D=\{(x, y) \mid 2x+y \leqslant 2, x \geqslant 0, y \geqslant 0\}$ 上服从均匀分布,求 $D(XY)$, $\mathrm{Cov}(X, Y)$, ρ_{XY},并判断 X 和 Y 是否相互独立; X 和 Y 是否相关?

18. 设 X 密函数度为 $f(x)=\begin{cases} \dfrac{x}{2}, & 0<x<2, \\ 0, & \text{其他}, \end{cases}$ $F(x)$ 为 X 的分布函数, EX 是 X 的数学期望,求 $P[F(x) \geqslant EX-1]$.

19. 设随机变量 $(X, Y) \sim N(\mu_1, \mu_2, \sigma_1^2, \sigma_2^2, 0)$,求 $E(XY^2)$.

答　案

一、填空题

1. 3, 2.1.　**2.** $EX=\lambda=1$.　**3.** 8.　**4.** 3,13.　**5.** 6.　**6.** 1.　**7.** 1.

8. 由 $-2=EY=E(2X-X^2)=\lambda-\lambda^2$,解得 $\lambda=2$.　**9.** 4.5, 0.45.　**10.** 2.

11. 由 $EX=-1$,求出 $\lambda=1$, $DX=1$.　**12.** $\dfrac{1}{4}$.　**13.** $\dfrac{3}{4}$, $\dfrac{1}{8}$.

14. $2a+3b$, $2a^2+3b^2$.　**15.** 2, 2.　**16.** -7, 13.　**17.** 0.

18. 36.　**19.** -1.　**20.** 12.　**21.** 6.　**22.** 18.

二、计算题

1. 解　$EX=0.2(1+2+3+4+5)=3$,

$E(X^2)=0.2(1+2^2+3^2+4^2+5^2)=11$, $DX=11-3^2=2$,

$E(X+2)^2=E(X^2+4X+4)=11+12+4=27$.

2. 解　$E[3(X^2-2)]=3E(X^2)-6=3[DX+(EX)^2]-6=3\times4-6=6$.

3. 解　因为 X 服从参数为 2 的指数分布,所以 $EX=\dfrac{1}{2}$, $DX=\dfrac{1}{4}$.

$$EY=2EX=1, \quad DY=4DX=1,$$

$$EZ=2\int_0^{+\infty}e^{-3x}e^{-2x}dx=2\int_0^{+\infty}e^{-5x}dx=\frac{-2}{5}e^{-5x}\Big|_0^{+\infty}=\frac{2}{5},$$

$$E(Z^2)=2\int_0^{+\infty}e^{-6x}e^{-2x}dx=2\int_0^{+\infty}e^{-8x}dx=\frac{-1}{4}e^{-8x}\Big|_0^{+\infty}=\frac{1}{4},$$

$$DZ=\frac{1}{4}-\left(\frac{2}{5}\right)^2=0.09.$$

4. 解 因为 $X\sim U(0,2)$，$EX=\frac{0+2}{2}=1\,\text{min}$，$DX=\frac{(2-0)^2}{12}=\frac{1}{3}\,\text{min}.$

5. 解 $1=\int_{-\infty}^{+\infty}f(x)dx=a\int_0^1 x^b dx=\frac{a}{b+1}$，则 $a=b+1$，

再由 $\frac{3}{4}=EX=a\int_0^1 x^{b+1}dx=\frac{a}{b+2}=\frac{b+1}{b+2}$，得 $a=3$，$b=2$.

6. 解 由 $F(x)$ 在 $x=\pm 1$ 处连续性可得

$$\begin{cases}a+b\arcsin(-1)=0,\\ a+b\arcsin 1=1,\end{cases}\quad \begin{cases}a+b\left(-\frac{\pi}{2}\right)=0,\\ a+b\cdot\frac{\pi}{2}=1,\end{cases}\quad \begin{cases}a=\frac{1}{2},\\ b=\frac{1}{\pi}.\end{cases}$$

X 的密度函数为

$$f(x)=\begin{cases}\frac{1}{\pi}\frac{1}{\sqrt{1-x^2}}, & -1<x<1,\\ 0, & \text{其他},\end{cases}\qquad EX=\frac{1}{\pi}\int_{-1}^{1}\frac{x}{\sqrt{1-x^2}}dx=0.$$

7. 解 $EX=\frac{3}{2}\int_{-1}^{1}x^3dx=0$，$E(X^2)=\frac{3}{2}\int_{-1}^{1}x^4dx=3\int_0^1 x^4dx=\frac{3}{5}$，

$$DX=E(X^2)-(EX)^2=0.6,$$

$$P(|X-EX|<2DX)=P(|X|<1.2)=\frac{3}{2}\int_{-1}^{1}x^2dx=1.$$

8. 解 因为 $DX=E(X^2)-(EX)^2$，又

$$EX=\int_{-1}^{0}x(1+x)dx+\int_0^1 x(1-x)dx=0,$$

$$E(X^2)=\int_{-1}^{0}x^2(1+x)dx+\int_0^1 x^2(1-x)dx=\frac{1}{6},$$

所以 $DX=\frac{1}{6}$.

9. 解 X^2 与 Y^2 相互独立，

$$\begin{aligned}D(XY) &= E[(XY)^2]-[E(XY)]^2 = E(X^2)E(Y^2)-(EX)^2(EY)^2 \\ &= [(EX)^2+DX][(EY)^2+DY]-(EX)^2(EY)^2 \\ &= [(EX)^2+1][(EY)^2+1]-(EX)^2(EY)^2 \\ &= (EX)^2+(EY)^2+1.\end{aligned}$$

则 $D(XY)-(EX)^2-(EY)^2=1$.

10. 解　$EX=\int_{-\infty}^{+\infty}xf(x)\mathrm{d}x=\frac{1}{2}\int_{-\infty}^{+\infty}x\mathrm{e}^{-|x|}\mathrm{d}x=0$,

$E(X^2)=\int_{-\infty}^{+\infty}x^2f(x)\mathrm{d}x=\int_0^{+\infty}x^2\mathrm{e}^{-x}\mathrm{d}x=\Gamma(3)=2$,

$$\begin{aligned}E[\min(|x|,1)] &= \int_{-\infty}^{+\infty}\mathrm{Min}(|x|,1)f(x)\mathrm{d}x=\int_{|x|<1}|x|f(x)\mathrm{d}x+\int_{|x|>1}f(x)\mathrm{d}x \\ &= \int_0^1 x\mathrm{e}^{-|x|}\mathrm{d}x+\frac{1}{2}\left(\int_{-\infty}^{-1}\mathrm{e}^x\mathrm{d}x+\int_1^{+\infty}\mathrm{e}^{-x}\mathrm{d}x\right)=1-\mathrm{e}^{-1}.\end{aligned}$$

11. 解　$f(x)=F'(x)=0.3\varphi(x)+0.35\varphi\left(\frac{x-1}{2}\right)$,

于是　$EX=\int_{-\infty}^{+\infty}xf(x)\mathrm{d}x=\int_{-\infty}^{+\infty}x\left[0.3\varphi(x)+0.35\varphi\left(\frac{x-1}{2}\right)\right]\mathrm{d}x$

$$\begin{aligned}&= 0.3\int_{-\infty}^{+\infty}x\varphi(x)\mathrm{d}x+0.35\int_{-\infty}^{+\infty}x\varphi\left(\frac{x-1}{2}\right)\mathrm{d}x=0.35\int_{-\infty}^{+\infty}x\varphi\left(\frac{x-1}{2}\right)\mathrm{d}x \\ &\xlongequal{\frac{x-1}{2}=u} 0.7\int_{-\infty}^{+\infty}(2u+1)\varphi(u)\mathrm{d}u=0.7\int_{-\infty}^{+\infty}2u\varphi(u)\mathrm{d}u+0.7\int_{-\infty}^{+\infty}\varphi(u)\mathrm{d}u \\ &= 0.7.\end{aligned}$$

12. 解　由于 $X\sim E(\lambda)$, $EX=\frac{1}{\lambda}=5$, 于是 $X\sim E\left(\frac{1}{5}\right)$.

其对应的概率密度函数和分布函数分别为

$$f(x)=\begin{cases}\frac{1}{5}\mathrm{e}^{-\frac{1}{5}x}, & x>0, \\ 0, & x\leqslant 0,\end{cases}\quad F_X(x)=\begin{cases}1-\mathrm{e}^{-\frac{x}{5}}, & x>0, \\ 0, & x\leqslant 0.\end{cases}$$

有题意知 $Y=\min\{X,2\}$, 于是 当 $y<0$ 时, $F_Y(y)=0$; 当 $y\geqslant 2$ 时, $F_Y(y)=1$;

当 $0\leqslant y<2$ 时, $F_Y(y)=P(Y\leqslant y)=P(\min\{X,2\}\leqslant y)=P(X\leqslant y)=1-\mathrm{e}^{-\frac{y}{5}}$.

13. 解　$\mathrm{Cov}(X,Y)=\rho_{XY}\sqrt{DX}\sqrt{DY}=-\frac{1}{2}\sqrt{4\times 9}=-3$,

$$\mathrm{Cov}(X, W)=\mathrm{Cov}(X, X-2Y+3)=\mathrm{Cov}(X, X)-2\mathrm{Cov}(X, Y)$$
$$=DX-2\times(-3)=10,$$

$$DW=D(X-2Y+3)=DX+4DY-4\mathrm{Cov}(X, Y)=52,$$

$$\rho_{XZ}=\frac{\mathrm{Cov}(X, W)}{\sqrt{DX}\ \sqrt{DW}}=\frac{10}{\sqrt{4\times 52}}=\frac{5\sqrt{13}}{26}.$$

14. 解 $f(x, y)=\begin{cases}2, & 0\leqslant x\leqslant 1, 0\leqslant y\leqslant x,\\ 0, & 其他,\end{cases}$

$$E(XY)=\iint_D xyf(x, y)\mathrm{d}\sigma=\int_0^1 x\mathrm{d}x\int_0^x 2y\mathrm{d}y=\int_0^1 x^3\mathrm{d}x=\frac{1}{4},$$

$$EX=\iint_D xf(x, y)\mathrm{d}\sigma=2\int_0^1 x\mathrm{d}x\int_0^x \mathrm{d}y=2\int_0^1 x^2\mathrm{d}x=\frac{2}{3},$$

$$EY=\iint_D yf(x, y)\mathrm{d}\sigma=\int_0^1 \mathrm{d}x\int_0^x 2y\mathrm{d}y=\int_0^1 x^2\mathrm{d}x=\frac{1}{3},$$

$$\mathrm{Cov}(X, Y)=E(XY)-EX\cdot EY=\frac{1}{4}-\frac{2}{3}\times\frac{1}{3}=\frac{1}{36},$$

$$E(X^2)=\iint_D x^2f(x, y)\mathrm{d}\sigma=2\int_0^1 x^2\mathrm{d}x\int_0^x \mathrm{d}y=2\int_0^1 x^3\mathrm{d}x=\frac{1}{2},$$

$$E(Y^2)=\iint_D y^2f(x, y)\mathrm{d}\sigma=2\int_0^1 \mathrm{d}x\int_0^x y^2\mathrm{d}y=\frac{2}{3}\int_0^1 x^3\mathrm{d}x=\frac{1}{6},$$

$$DX=E(X^2)-(EX)^2=\frac{1}{2}-\left(\frac{2}{3}\right)^2=\frac{1}{18},$$

$$DY=E(Y^2)-(EY)^2=\frac{1}{6}-\left(\frac{1}{3}\right)^2=\frac{1}{18},$$

$$\rho_{XY}=\frac{\mathrm{Cov}(X, Y)}{\sqrt{DX}\ \sqrt{DY}}=\frac{\frac{1}{36}}{\frac{1}{18}}=\frac{1}{2}.$$

15. 解 $EX=\iint_D xf(x, y)\mathrm{d}\sigma=\frac{1}{8}\int_0^2 x\mathrm{d}x\int_0^2(x+y)\mathrm{d}y=\frac{1}{4}\int_0^2 x(x+1)\mathrm{d}x=\frac{7}{6}=EY,$

$$E(XY)=\iint_D xyf(x, y)\mathrm{d}\sigma=\frac{1}{8}\int_0^2 x\mathrm{d}x\int_0^2 y(x+y)\mathrm{d}y=\frac{1}{8}\int_0^2 x\left(2x+\frac{8}{3}\right)\mathrm{d}x=\frac{4}{3},$$

$$\mathrm{Cov}(X, Y)=E(XY)-EX\cdot EY=-\frac{1}{36},$$

$$E(X^2)=\iint_D x^2f(x, y)\mathrm{d}\sigma=\frac{1}{8}\int_0^2 x^2\mathrm{d}x\int_0^2(x+y)\mathrm{d}y$$
$$=\frac{1}{4}\int_0^2(x^2+x^3)\mathrm{d}x=\frac{5}{3}=E(Y^2),$$

$$DX = E(X^2) - (EX)^2 = \frac{5}{3} - \left(\frac{7}{6}\right)^2 = \frac{11}{36} = DY,$$

$$\rho_{XY} = \frac{\mathrm{Cov}(X, Y)}{\sqrt{DX}\ \sqrt{DY}} = \frac{-\frac{1}{36}}{\frac{11}{36}} = -\frac{1}{11}.$$

16. 解　$f_X(x) = \mathrm{e}^{-x}\int_0^{+\infty} \mathrm{e}^{-y}\mathrm{d}y = \mathrm{e}^{-x}$，$x > 0$，$f_Y(y) = \mathrm{e}^{-y}\int_0^{+\infty} \mathrm{e}^{-x}\mathrm{d}x = \mathrm{e}^{-y}$，$y > 0$，$f(x, y) = f_X(x)f_Y(y)$，$X$ 和 Y 相互独立,则 $\mathrm{Cov}(X, Y) = 0$，$\rho_{XY} = 0$.

17. 解　D：$\begin{cases} 0 < x < 1, \\ 0 < y < 2 - 2x, \end{cases}$ D 的面积 $A = 1$，

则 $f(x, y) = \begin{cases} 1, & 0 \leqslant x \leqslant 1,\ 0 \leqslant y \leqslant 2(1-x), \\ 0, & 其他. \end{cases}$

$$E(XY) = \iint_D xyf(x, y)\mathrm{d}\sigma = \int_0^1 x\mathrm{d}x\int_0^{2(1-x)} y\mathrm{d}y = 2\int_0^1 x\,(x-1)^2\mathrm{d}x = \frac{1}{6},$$

$$E(X^2Y^2) = \iint_D x^2y^2 f(x, y)\mathrm{d}\sigma = \int_0^1 x^2\mathrm{d}x\int_0^{2(1-x)} y^2\mathrm{d}y = \frac{8}{3}\int_0^1 x^2\,(x-1)^3\mathrm{d}x = \frac{2}{45},$$

$$D(XY) = E(X^2Y^2) - [E(XY)]^2 = \frac{2}{45} - \frac{1}{36} = \frac{1}{60},$$

$$f_X(x) = \begin{cases} \int_0^{2-2x}\mathrm{d}y = 2 - 2x, & 0 < x < 1, \\ 0, & 其他, \end{cases}$$

$$f_Y(y) = \begin{cases} \int_0^{1-\frac{y}{2}}\mathrm{d}x = 1 - \frac{y}{2}, & 0 < y < 2, \\ 0, & 其他, \end{cases}$$

$$EX = \int_0^1 xf_X(x)\mathrm{d}x = 2\int_0^1 (x - x^2)\mathrm{d}x = \frac{1}{3},$$

$$EY = \int_0^2 yf_Y(y)\mathrm{d}y = \int_0^2 \left(y - \frac{y^2}{2}\right)\mathrm{d}y = \frac{2}{3},$$

$$\mathrm{Cov}(X, Y) = E(XY) - EX \cdot EY = \frac{1}{6} - \frac{2}{3} \times \frac{1}{3} = -\frac{1}{18},$$

$$E(X^2) = \int_0^1 x^2 f_X(x)\mathrm{d}x = 2\int_0^1 (x^2 - x^3)\mathrm{d}x = \frac{1}{6},$$

$$E(Y^2) = \int_0^2 y^2 f_y(y)\mathrm{d}y = \int_0^2 \left(y^2 - \frac{y^3}{2}\right)\mathrm{d}y = y^3\left(\frac{1}{3} - \frac{y}{8}\right)\Big|_0^2 = \frac{2}{3},$$

$$DX = E(X^2) - (EX)^2 = \frac{1}{18},$$

$$DY = E(Y^2) - (EY)^2 = \frac{2}{3} - \left(\frac{2}{3}\right)^2 = \frac{2}{9},$$

$$\rho_{XY} = \frac{\mathrm{Cov}(X, Y)}{\sqrt{DX}\ \sqrt{DY}} = \frac{-\frac{1}{18}}{\sqrt{\frac{1}{18} \times \frac{2}{9}}} = -\frac{1}{2}.$$

X 和 Y 不相互独立且相关.

18. 解 $EX = \frac{1}{2}\int_0^2 x^2 \mathrm{d}x = \frac{4}{3}$, $F(x) = \begin{cases} 0, & x < 0, \\ \frac{x^2}{4}, & 0 \leqslant x < 2, \\ 1, & x \geqslant 2, \end{cases}$

$$P[F(x) \geqslant EX - 1] = P\left(F(x) \geqslant \frac{1}{3}\right) = P\left(\frac{2}{\sqrt{3}} < X < 2\right) = \frac{1}{2}\int_{\frac{2}{\sqrt{3}}}^2 x \mathrm{d}x$$

$$= \frac{1}{4}\left(4 - \frac{4}{3}\right) = \frac{2}{3}.$$

19. 解 由题意知 $\rho = 0$，说明变量 X, Y 独立且不相关，故满足 $E(XY^2) = EX \cdot E(Y^2)$. 再利用二维正态分布仍为正态分布性质，即 $X \sim N(\mu_1, \sigma_1^2)$，$Y \sim N(\mu_2, \sigma_2^2)$，

$$EX = \mu_1, \quad E(Y^2) = (EY)^2 + DY = \mu_2^2 + \sigma_2^2,$$

于是 $E(XY^2) = EX \cdot E(Y^2) = \mu_1(\mu_2^2 + \sigma_2^2)$.

第 5 章　大数定律与中心极限定理

5.1　内容概要问答

1. 写出切比雪夫不等式.

答　设随机变量 X 的均值 EX 与方差 DX 都存在,则对任意正数 ε 有不等式

$$P(|X-EX|\geqslant\varepsilon)\leqslant\frac{DX}{\varepsilon^2}\quad 或\quad P(|X-EX|<\varepsilon)>1-\frac{DX}{\varepsilon^2}$$

成立. 此公式反映了期望与方差的关系及方差的概率含义,应用于估算随机变量 X 在以 EX 为中心的对称区间上取值的概率.

2. 写出切比雪夫大数定理.

答　设随机变量 $X_1, X_2, \cdots, X_n, \cdots$ 相互独立,且服从同一分布(任意分布),且具有相同的数学期望和方差 $E(X_k)=\mu,\ D(X_k)=\sigma^2(k=1, 2, \cdots, n)$. 记 $\bar{X}=\frac{1}{n}\sum\limits_{k=1}^{n}X_k$,则 $\forall\varepsilon>0$, 有

$$\lim_{n\to\infty}P(|\bar{X}-\mu|<\varepsilon)=1.$$

事实上,切比雪夫大数定律说明随机变量部分和均值变量

$$\bar{X}=\frac{1}{n}\sum_{k=1}^{n}X_k\xrightarrow{P}\mu.$$

3. 写出伯努利大数定理.

答　设 n_A 是 n 次独立重复试验中事件 A 发生的次数, p 是事件 A 在每次试验中发生的概率,则 $\forall\varepsilon>0$,有

$$\lim_{n\to\infty}P\left(\left|\frac{n_A}{n}-p\right|<\varepsilon\right)=1\quad 或\quad \lim_{n\to\infty}P\left(\left|\frac{n_A}{n}-p\right|\geqslant\varepsilon\right)=0.$$

事实上,伯努利大数定律是切比雪夫大数定律的推广.

记 $$X_i=\begin{cases}1, & \text{第 } i \text{ 次试验成功},\\ 0, & \text{第 } i \text{ 次试验失败},\end{cases}$$

于是 $n_A=X_1+X_2+\cdots+X_n$ 且 $X_1, X_2, \cdots, X_n$ 服从参数为 p 的 $(0-1)$ 分布. 应用切比雪夫大数定律即能得到.

4. 写出独立同分布序列的中心极限定理.

答 设随机变量序列 $X_1, X_2, \cdots, X_n$ 独立同分布,且满足 $E(X_k)=\mu$, $D(X_k)=\sigma^2\neq 0\ (k=0, 1, 2, \cdots, n)$. 只要 n 充分大时,则随机变量 $Y_n=\dfrac{\sum\limits_{k=1}^{n}X_k-n\mu}{\sqrt{n\sigma^2}}\sim N(0, 1)$,可推出 $\sum\limits_{k=1}^{n}X_k\sim N(n\mu, n\sigma^2)$.

5. 写出德莫佛-拉普拉斯中心极限定理,并说出由此定理可得的结论.

答 设 $X\sim B(n, p)$,则对任意 x 有

$$\lim_{n\to\infty}P\left(\frac{X-np}{\sqrt{np(1-p)}}\leqslant x\right)=\frac{1}{\sqrt{2\pi}}\int_{-\infty}^{x}\mathrm{e}^{-\frac{t^2}{2}}\mathrm{d}t=\Phi(x).$$

此定理表明:二项分布的极限分布是正态分布,即当 n 很大时,$X\sim N(np, np(1-p))$,而 $\dfrac{X-np}{\sqrt{np(1-p)}}\sim N(0, 1)$. 可以推出,当 n 充分大时二项分布的概率计算方法:设 $X\sim B(n, p)$,当 n 充分大时,

$$P(a<X<b)=\sum_{a<k<b}\mathrm{C}_n^k p^k q^{n-k}\approx\Phi\left(\frac{b-np}{\sqrt{np(1-p)}}\right)-\Phi\left(\frac{a-np}{\sqrt{np(1-p)}}\right).$$

5.2 基本要求及重点、难点提示

本章的基本要求:

(1) 知道切比雪夫不等式.

(2) 知道随机变量序列的独立同分布性,了解三个大数定律(切比雪夫大数定律、独立同分布切比雪夫大数定律和伯努利大数定律)及其作用.

(3) 知道独立同分布序列的中心极限定理.

(4) 掌握德莫佛-拉普拉斯定理(二项分布以正态分布为极限分布),会用德莫佛-拉普拉斯中心极限定理计算有关概率.

本章重点 切比雪夫不等式,德莫佛-拉普拉斯中心极限定理.

本章难点　大数定律.

5.3　习题详解

1. 已知正常男性成人血液中每毫升白细胞平均是7 300,方差是700^2,利用切比雪夫不等式估计每毫升白细胞数在5 200～9 400的概率.

解　设正常男性每毫升血液中含白细胞数为X,依题意有$EX = 7\ 300$, $DX = 700^2$, 于是

$$\begin{aligned} P(5\ 200 < X < 9\ 400) &= P(5\ 200 - 7\ 300 < X - EX < 9\ 400 - 7\ 300) \\ &= P(-2\ 100 < X - EX < 2\ 100) \\ &= P(|X - EX| < 2\ 100) \geqslant 1 - \frac{700^2}{2\ 100^2} = \frac{8}{9}. \end{aligned}$$

2. 有一批建筑房屋用的木柱,其中80%的长度不小于3 m,现从这批木柱中任取100根,求其中至少有30根短于3 m的概率.

解　设长度短于3 m的根数为X,则$X \sim B(100, 0.2)$,故$EX = np = 20$, $DX = npq = 16$.

所求概率为

$$P(X \geqslant 30) \approx 1 - \Phi\left[\frac{30 - 20}{\sqrt{16}}\right] = 1 - \Phi\left(\frac{10}{4}\right) = 1 - \Phi(2.5) \approx 0.006\ 2.$$

3. 从发芽率为95%的一批种子里,任取400粒,求不发芽的种子不多于25粒的概率.

解　设随机变量X为不发芽的种子数,则$X \sim B(400, 0.05)$,故$EX = np = 20$, $DX = npq = 19$.

所求概率为

$$P(X \leqslant 25) \approx \Phi\left[\frac{25 - 20}{\sqrt{19}}\right] \approx \Phi\left(\frac{5}{4.36}\right) \approx \Phi(1.15) \approx 0.874\ 9.$$

4. 某城市每天发生火灾的次数是一个随机变量,它服从$\lambda = 2$的泊松分布.设每天是否发生火灾是相互独立的,试用中心极限定理近似计算一年(365天)中发

生火灾的次数超过 700 次的概率.

解 设每天发生火灾的次数为 X_k,则 $X_k \sim \pi(2)$,故 $E(X_k)=D(X_k)=2$.

设 X 为一年中发生火灾的次数,则 $X=\sum_{k=1}^{365} X_k$,故 $EX=730$, $DX=730$.

由中心极限定理得

$$P(X>700)=1-P(X\leqslant 700)\approx 1-\Phi\left(\frac{700-730}{\sqrt{730}}\right)$$

$$\approx \Phi\left(\frac{30}{\sqrt{730}}\right)\approx \Phi(1.11)\approx 0.8665.$$

5. 当辐射强度超过每小时 0.5 mR 时,辐射会对人体的健康造成伤害.设每台彩电工作时的平均辐射强度为 0.036 mR,方差为 0.008 1 mR,则家庭中一台彩电的辐射一般不会对人体造成健康伤害,但是彩电销售商店同时有多台彩电工作时,辐射可能对人造成健康伤害.现在有 16 台彩电同时独立工作,计算这 16 台彩电的辐射量对人造成健康伤害的概率.(提示:用中心极限定理.)

解 设 $X_1, X_2, \cdots, X_{16}$ 分别表示每台彩电的辐射量,则它们独立同分布,

$$E(X_k)=0.036,\ D(X_k)=0.0081,\quad k=1,2,\cdots,16.$$

由独立同分布中心极限定理得

$$P(X>0.5)=P\left(\sum_{k=1}^{16} X_k>0.5\right)\approx 1-\Phi\left(\frac{0.5-16\times 0.036}{4\sqrt{0.0081}}\right)$$

$$\approx 1-\Phi(-0.211)=\Phi(0.211)\approx 0.58.$$

6. 在人寿保险公司里每年有 10 000 人参加保险,每人在一年内的死亡率为 0.001.参加保险的人在每年的第一天交付保险费 10 元.死亡时,其家属可以从保险公司领取 2 000 元.求

(1) 保险公司一年内获利不少于 80 000 元的概率;

(2) 保险公司一年内亏本的概率.

解 设一年中保险者死亡人数为 X,则 $X\sim B(10\,000,\ 0.001)$,故

$$EX=10\,000\times 0.001=10,\quad DX=10\times 0.999=9.99.$$

(1) 10 000 人每年保险费为 100 000 元,获利不小于 80 000,即每年死亡人数

不多于 $\dfrac{100\,000-80\,000}{2\,000}=10$. 由中心极限定理得

$$P(X\leqslant 10)\approx\Phi\left(\frac{10-10}{\sqrt{9.99}}\right)=0.5.$$

(2) 保险公司亏本,即每年死亡人数多于 $\dfrac{100\,000}{2\,000}=50$ 人,得

$$P(X\geqslant 50)=1-P(X<50)\approx 1-\Phi\left(\frac{50-10}{\sqrt{9.99}}\right)\approx 1-\Phi(12.66)\approx 0.$$

7. 某个复杂系统由100个相互独立的子系统组成. 已知在系统运行期间,每个子系统失效的概率为0.1. 如果失效的子系统个数超过15个,则总系统便自动停止运动. 求总系统不自动停止运动的概率.

解 设运行期间失效的子系统的个数为 X,则 $X\sim B(100,\ 0.1)$,得 $EX=np=10$, $DX=npq=9$.

所求概率为

$$P(X\leqslant 15)\approx\Phi\left(\frac{15-10}{\sqrt{9}}\right)=\Phi\left(\frac{5}{3}\right)\approx\Phi(1.67)\approx 0.952\,5.$$

8. 某一随机试验成功的概率为0.04,独立重复试验100次,由泊松定理和中心极限定理分别求最多成功6次的概率的近似值.

解 设某一随机试验"成功"的次数为随机变量 X,则 $X\sim B(100,\ 0.04)$,故 $n=100$, $p=0.04$, $\lambda=np=4$.

由泊松定理得

$$P(X\leqslant 6)=1-P(X\geqslant 7)\approx 1-\sum_{k=7}^{\infty}\frac{e^{-4}4^k}{k!}\approx 1-0.110\,674\approx 0.889.$$

由中心极限定理得

$$P(X\leqslant 6)\approx\Phi\left(\frac{6-4}{\sqrt{3.84}}\right)\approx\Phi\left(\frac{2}{1.96}\right)\approx\Phi(1.02)\approx 0.846\,1.$$

9. 设由机器包装的每包大米的重量是一个随机变量 X(单位: kg),已知

$EX=10\ \mathrm{kg}$, $DX=0.1\ \mathrm{kg}^2$,求 100 袋这种大米的总重量在 990～1 010 kg 的概率.

解 由题意知 $\mu=EX_k=10$, $\sigma^2=DX_k=0.1$, $n=100$.

由 $\sum_{k=1}^{n}X_k\sim N(n\mu,\ n\sigma^2)$,得 $\sum_{k=1}^{100}X_k\sim N(1\,000,\ 10)$.

$$P\left(990<\sum_{k=1}^{100}X_k<1\,010\right)\approx\Phi\left(\frac{1\,010-1\,000}{\sqrt{10}}\right)-\Phi\left(\frac{990-1\,000}{\sqrt{10}}\right)$$

$$=\Phi(\sqrt{10})-\Phi(-\sqrt{10})=2\Phi(\sqrt{10})-1$$

$$\approx 2\Phi(3.16)-1\approx 0.998\,4\approx 1.$$

或由切比雪夫不等式得

$$P\left(990<\sum_{k=1}^{100}X_k<1\,010\right)=P\left(\left|\sum_{K=1}^{100}X_k-1\,000\right|<10\right)>1-\frac{10}{100}=0.9.$$

10. 一个罐子中装有 10 个编号为 0, 1, 2, 3, 4, 5, 6, 7, 8, 9 的同样形状的球,从罐中有放回地抽取若干次,每次抽一个,并记下号码. 求

(1) 至少应抽取多少次球才能使 0 号球出现的频率在 0.09～0.11 的概率至少是 0.95?

(2) 用中心极限定理计算在 100 次抽取中 0 号球出现的次数在 7～13 的概率.

解 设 X 为抽 n 次中抽到 0 号球的次数.

(1) $X\sim B(n,\ 0.1)$, $EX=0.1n$, $DX=0.09n$, 所求为满足 $P\left(0.09<\frac{X}{n}<0.11\right)\geqslant 0.95$ 的最小的 n.

$$P\left(0.09<\frac{X}{n}<0.11\right)=P(0.09n<X<0.11n)$$

$$=P(-0.01n<X-0.1n<0.01n)$$

$$=P(|X-0.01n|<0.01n).$$

在切比雪夫不等式中取 $\varepsilon=0.01n$, 则

$$P\left(0.09<\frac{X}{n}<0.11\right)=P(|X-0.01n|<0.01n)\geqslant 1-\frac{0.09n}{(0.01n)^2}$$

$$=1-\frac{900}{n}>0.95,$$

解得 $n > \dfrac{900}{0.05} \approx 18\,000.$

(2) $X \sim B(100, 0.1)$, $EX = 10$, $DX = 9$.

$$\begin{aligned} P(7 \leqslant X \leqslant 13) &\approx \Phi\left(\frac{13-10}{3}\right) - \Phi\left(\frac{7-10}{3}\right) \\ &= \Phi(1) - \Phi(-1) \\ &= 2\Phi(1) - 1 \approx 2 \times 0.841\,3 - 1 \\ &\approx 0.682\,6. \end{aligned}$$

11. 设某学校一专业有100名学生,在周末每个学生去某阅览室自修的概率是0.1,且设每个学生去阅览室自修与否相互独立.试问该阅览室至少应设多少个座位才能以不低于0.95的概率保证每个来阅览室自修的学生均有座?

解 设去阅览室自修的学生数为X,则$X \sim B(100, 0.1)$,故$np = 10$, $npq = 9$,又设阅览室至少应设n个座位,则$P(X \leqslant n) \approx \Phi\left(\dfrac{n-10}{3}\right) \geqslant 0.95 = \Phi(1.65)$, $\dfrac{n-10}{3} \geqslant 1.65$,解得$n \geqslant 14.95$,故至少应设15个座位.

12. 某学校900名学生选6名教师主讲“高等数学”课程,假定每名学生完全随意地选择一名教师,且学生选择教师是彼此独立的,问每名教师的上课教室应该设有多少座位才能保证因缺少座位而使学生离去的概率小于1%.(提示:用中心极限定理.)

解 只需考虑某名教师的上课教室需设n个座位,定义随机变量如下:

$$X_k = \begin{cases} 1, & \text{若第}\, k\, \text{个学生选择教师甲}, \\ 0, & \text{其他}, \end{cases} \quad k = 1, 2, \cdots, 900.$$

依题意得, $P(X_k = 1) = \dfrac{1}{6}$, $P(X_k = 0) = \dfrac{5}{6}$,且$X_1, X_2, \cdots, X_{900}$是相互独立分布,选择甲教师的学生总数为$X = \sum\limits_{k=1}^{900} X_k$,为使学生不因缺少座位而离去,必须$n \geqslant X$,为此要决定$n$,使$P(n \geqslant X) \geqslant 99\%$.注意到$E(X_k) = \dfrac{1}{6}$, $EX = \dfrac{900}{6} = 150$,

$$D(X_k) = E(X_k^2) - (EX_k)^2 = \frac{1}{6} - \frac{1}{6^2} = \frac{5}{36}, \quad k = 1, 2, \cdots, 900.$$

$$DX = 900\frac{5}{36} = 125,$$

应用独立同分布中心极限定理得 $P(X \leqslant n) = \Phi\left(\dfrac{n-150}{5\sqrt{5}}\right) < 0.99.$

得 $\dfrac{n-150}{5\sqrt{5}} \geqslant 2.33$,解得 $n \geqslant 176.05$,取 $n = 177$.

13. 一食品店有三种饼出售,售出一只饼的价格是一个随机变量 X(单位: 元),它收取 1 元,1.2 元,1.5 元各值的概率分别为 0.3, 0.2, 0.5,某天售出 300 只饼,求

(1) 这天的收入至少为 400 元的概率;

(2) 这天售出的价格为 1.2 元的饼多于 60 只的概率.

解 (1) 设第 k 只饼的价格为 X_k, $k=1, 2, \cdots, 300$,则 X_k 的分布律为

X_k	1	1.2	1.5
p_k	0.3	0.2	0.5

$$E(X_k) = 1\times 0.3 + 1.2\times 0.2 + 1.5\times 0.5 = 1.29,$$

$$E(X_k^2) = 1^2\times 0.3 + 1.2^2\times 0.2 + 1.5^2\times 0.5 = 1.713,$$

$$D(X_k) = E(X_k^2) - [E(X_k)]^2 = 0.0489.$$

以 X 表示这天的总收入,则 $X = \sum_{k=1}^{300} x_k$,由中心极限定理得

$$P(X \geqslant 400) = 1 - P(X < 400) = 1 - P\left(\sum_{k=1}^{300} X_k \leqslant 400\right)$$

$$\approx 1 - \Phi\left(\frac{400 - 300\times 1.29}{\sqrt{300\times 1.29\times 0.0489}}\right)$$

$$\approx 1 - \Phi(3.98) \approx 0.$$

(2) 以记 300 只饼中售价为 1.2 元的蛋糕只数,于是 $Y \sim B(300, 0.2)$,

$$EY = 300\times 0.2 = 60, \quad DY = 300\times 0.2\times 0.8 = 48.$$

由中心极限定理得

$$P(Y>60)=1-P(Y\leqslant 60)\approx 1-\Phi\left(\frac{60-60}{\sqrt{48}}\right)=0.5.$$

14. 已知随机变量 X, Y，且 $EX=-2$, $EY=2$, $DX=1$, $DY=4$, $\rho_{XY}=-0.5$，试估计 $P(|X+Y|\geqslant 6)$.

解　本题考察的是估计变量的区间概率.由于未知 X, Y 的具体分布，故使用切贝雪夫不等式 $P(|X-EX|\geqslant\varepsilon)\leqslant\dfrac{DX}{\varepsilon^2}$.

因为 $Z=X+Y\Rightarrow EZ=EX+EY=-2+2=0$,

$$\begin{aligned}DZ&=DX+DY+2\sqrt{DX\cdot DY}\cdot\rho_{XY}\\&=1+4+2\times\sqrt{1\times 4}\times(-0.5)=3.\end{aligned}$$

应用切比雪夫不等式 $P(|Z-EZ|\geqslant 6)\leqslant\dfrac{3}{6^2}=\dfrac{1}{12}$,

故 $P(|X+Y|\geqslant 6)\leqslant\dfrac{1}{12}$.

5.4　同步练习题及答案

一、填空题

1. 设随机变量 X 的方差 $DX=3$，利用切比雪夫不等式估计 $P(|X-EX|\geqslant 9)\leqslant$________.

2. 已知随机变量 X 的期望 $EX=100$，方差 $DX=10$，估计 X 落在 $(80, 120)$ 内的概率________.

3. 假设随机变量 X 的分布未知，但已知 $EX=\mu$, $DX=\sigma^2$，则用切比雪夫不等式估计 X 落在 $(\mu-2\sigma, \mu+2\sigma)$ 内的概率________.

4. 设随机变量 $X\sim B(100, 0.3)$，则 $P(20<X<30)$ 的近似值为________.

5. 设 $X_1, X_2, \cdots, X_n$ 是从正态总体 $N(\mu, \sigma^2)$ 中抽取的一个样本，记 $\bar{X}=\dfrac{1}{n}\sum\limits_{k=1}^{n}X_k$，则 $\bar{X}\sim$________.

二、计算题

1. 某车间用机器向25只瓶子里灌装每种液体，规定每瓶装 μ mL，假定灌装

量的方差 $\sigma^2=1$，求这25瓶液体的平均灌装量与标定值 μ 相差不超过0.3 mL的概率是多少？

2. 有一大批种子，其中良种约占0.2，试用切比雪夫不等式估计在任意选出的5 000粒种子当中，良种所占的比例与0.2比较，上下不超过1%的概率.

3. 将一枚均匀的硬币连掷100次，求着地时出现正面朝上的次数 X 不超过60次的概率.

4. 某工厂生产一批螺丝钉，次品率为1%. 现从中任取2 000只检验，试求

(1) 至少抽得10只次品的概率；

(2) 抽得的次品在15～25只之间的概率.

5. 已知随机变量 X，其 $EX=12$，$DX=9$，证明 $P(6\leqslant X\leqslant 18)\geqslant 0.75$.

6. 已知某批产品的废品率为0.005，从中任取1 000件，求其中废品率不大于0.007的概率.

7. 已知在某大批量的产品中，优质产品占一半，现从中任取100个，求出其中优质品的个数不超过45个的概率 p_1 和超过60个的概率 p_2.

8. 求在200个新生儿中，男孩个数 X 在80～120之间的概率(假设男孩和女孩等可能出生).

9. 测量某一目标的距离时，随机误差 $X\sim N(0,40^2)$(单位：m). (1) 求 $P(|X|\leqslant 30)$；(2) 若做3次独立测量，求至少有一次测量误差的绝对值不超过30米的概率.

10. 计算机做加法时，先对加数取整，设所有数的取整误差是相互独立的随机变量 $X_k\sim U[-0.5,0.5](k=0,1,\cdots n)$，求(1)若将1 500个数相加，总误差超过15的概率；(2)最多有多少个数相加能使绝对误差总和不超过10的概率不小于0.9.

答 案

一、填空题

1. $\frac{3}{9^2}=\frac{1}{27}$.　**2.** $P(80<X<120)=P(|X-100|<20)\geqslant 1-\frac{10}{20^2}=0.975$.

3. $P(\mu-2\sigma<X<\mu+2\sigma)\geqslant\frac{3}{4}$.　**4.** $P(20<X<30)\approx 0.485\,5$.　**5.** $N\left(\mu,\frac{\sigma^2}{n}\right)$.

二、计算题

1. 解 设25瓶液体灌装量为 $X_1,X_2,\cdots,X_{25}$，它们是来自均值为 μ，方差 $\sigma^2=1$ 的总体

X 中的样本，需要计算的是事件 $|\bar{X}-\mu|\leqslant 0.3$ 的概率. 因为 $\bar{X}\sim N\left(\mu,\ \frac{1}{25}\right)$，

则 $$P(|\bar{X}-\mu|\leqslant 0.3)=P\left(\frac{|\bar{X}-\mu|}{\frac{1}{5}}\leqslant\frac{0.3}{\frac{1}{5}}\right)\approx 2\Phi(1.5)-1\approx 0.8664.$$

2. 解　设在任意选出的 5 000 粒种子中良种数为 X，则 $X\sim B(n,\ p)$，故 $n=5\,000$，$p=0.2$，$EX=np=1\,000$，$DX=np(1-p)=800$.

需要估计概率的事件为 $\left|\frac{X}{5\,000}-\frac{1}{5}\right|<\frac{1}{100}$，即 $|X-1\,000|<50$，$|X-EX|<50$.

从而取 $\varepsilon=50$，根据切比雪夫不等式得

$$P\left(\left|\frac{X}{5\,000}-\frac{1}{5}\right|<\frac{1}{100}\right)=P(|X-1\,000|<50)\geqslant 1-\frac{DX}{50^2}=1-\frac{800}{2\,500}=0.68.$$

即在任意选出的 5 000 粒种子中，良种所占的比例与 0.2 比较，上下不超过 1% 的概率为 68%.

3. 解　$X\sim B(n,\ p)$，$n=100$，$p=0.5$，$EX=np=50$，$DX=np(1-p)=25$.

由中心极限定理得　$P(X\leqslant 60)\approx\Phi\left(\frac{60-50}{5}\right)=\Phi(2)\approx 0.977\,3$.

所以着地时出现正面朝上的次数 X 不超过 60 次的概率为 0.977 3.

4. 解　设抽取的次品数为随机变量 X，则 $X\sim B(n,\ p)$，故 $n=2\,000$，$p=0.01$，$EX=np=20$，$DX=np(1-p)=19.8$. 由中心极限定理得

(1) $$P(X\geqslant 10)=1-P(0\leqslant X\leqslant 10)\approx 1-\Phi\left(\frac{10-20}{\sqrt{19.8}}\right)+\Phi\left(\frac{0-20}{\sqrt{19.8}}\right)$$
$$\approx 1+\Phi(2.25)-\Phi(4.49)\approx 1+0.987\,8-1=0.987\,8.$$

(2) $$P(15\leqslant X\leqslant 25)\approx\Phi\left(\frac{25-20}{\sqrt{19.8}}\right)-\Phi\left(\frac{15-20}{\sqrt{19.8}}\right)=\Phi\left(\frac{5}{\sqrt{19.8}}\right)-\Phi\left(\frac{-5}{\sqrt{19.8}}\right)$$
$$\approx 2\Phi(1.12)-1\approx 2\times 0.868\,6-1=0.737\,2.$$

5. 证明　利用切比雪夫不等式得

$$P(6\leqslant X\leqslant 18)=P(|X-12|\leqslant 6)\geqslant 1-\frac{9}{6^2}=0.75.$$

6. 解　设废品数为 X，则 $X\sim B(n,\ p)$，故 $n=1\,000$，$p=0.005$，$EX=np=5$，$DX=np(1-p)=4.975$.

$$P\left(\frac{X}{1\,000}\leqslant 0.007\right)=P(X\leqslant 7)\approx\Phi\left(\frac{7-5}{\sqrt{4.975}}\right)\approx\Phi\left(\frac{2}{2.23}\right)\approx\Phi(0.9)\approx 0.815\,9.$$

7. 解　设优质品个数为 X，则 $X\sim B(n,\ p)$，故 $n=100$，$p=0.5$，$EX=np=50$，$DX=$

$np(1-p)=25$.

$$p_1=P(0\leqslant X\leqslant 45)\approx\Phi\left(\frac{45-50}{5}\right)-\Phi\left(\frac{-50}{5}\right)=\Phi(-1)-0=1-\Phi(1)$$
$$\approx 1-0.8413=0.1587,$$

$$p_2=P(X>60)=1-P(X\leqslant 60)\approx 1-\Phi\left(\frac{60-50}{5}\right)=1-\Phi(2)\approx 1-0.9773$$
$$=0.0227.$$

8. 解 设男孩的个数为 X，则 $X\sim B(n,p)$，故 $n=200$，$p=0.5$，$EX=np=100$，$DX=np(1-p)=50$.

$$P(80\leqslant X\leqslant 120)\approx\Phi\left(\frac{120-100}{\sqrt{50}}\right)-\Phi\left(\frac{80-100}{\sqrt{50}}\right)\approx 2\Phi(2.83)-1$$
$$\approx 2\times 0.998-1\approx 0.996.$$

9. 解 (1) $P(|X|\leqslant 30)=P(-30\leqslant X\leqslant 30)\approx 2\Phi\left(\frac{30}{40}\right)-1=2\Phi(0.75)-1$
$$\approx 0.5468.$$

(2) 设 Y 表示 3 次测量中测量误差的绝对值不超过 30 m 的次数，显然 $Y\sim B(3,0.5468)$，则

$$P(Y\geqslant 1)=1-P(Y=0)=1-(1-0.5468)^3\approx 0.907.$$

10. 解 由题意知 $E(X_k)=0$，$D(X_k)=\frac{1}{12}$，$X=\sum_{k=1}^{1500}X_k$.

(1) $EX=0$，$DX=\frac{1500}{12}=125$，则 $X\sim N(0,125)$.

由中心极限定理得

$$P(|X|>15)=1-P(|X|\leqslant 15)=1-\left[2\Phi\left(\frac{15}{\sqrt{125}}\right)-1\right]$$
$$\approx 2[1-\Phi(1.342)]\approx 2(1-0.9099)\approx 0.1802;$$

(2) 令 $X_n=\sum_{k=1}^{n}X_k$，$X_n\sim N\left(0,\frac{n}{12}\right)$，

由题意求 n，使得 $P(|X_n|<10)\geqslant 0.9$，

由中心极限定理有

$$P(|X_n|<10)=P\left(\left|\frac{X_n}{\sqrt{n/12}}\right|<\frac{10}{\sqrt{n/12}}\right)\approx 2\Phi\left(\frac{10}{\sqrt{n/12}}\right)-1\geqslant 0.9,$$

$\Phi\left(\frac{10}{\sqrt{n/12}}\right)=0.95$，查表得 $10\sqrt{\frac{12}{n}}=1.645$，解得 $n=443.5$，则 $n=443$.

第 6 章　样本及其分布

本章介绍了数理统计初步，定义了数理统计的一些基本的概念.

6.1　内容概要问答

1. 总体、个体、样本、样品与简单随机样本是什么?

答　研究对象的全体称为总体，记为 X；组成总体的每个基本单位称为个体，记为 $X_1, X_2, \cdots, X_n, \cdots$. 在总体 X 中随机地抽取的 n 个个体 $X_1, X_2, \cdots, X_n$ 称为总体 X 的样本. 组成样本的个体称为样品. 由简单随机抽样得到的样本称为简单随机样本.

2. 简单随机样本的性质是什么?

答　性质 1：$X_1, X_2, \cdots, X_n$ 具有代表性，即具有随机性.

性质 2：$X_1, X_2, \cdots, X_n$ 具有独立同分布性.

有放回地随机抽取得到的是简单随机样本，一般如果样本容量相当大，随机抽取的样本对于总体容量来说是很小的，也认为是有关简单随机样本.

3. 说明样本均值与样本方差及其应用.

答　设总体 X 的容量为 n 的样本为 $X_1, X_2, \cdots, X_n$，称 $\overline{X} = \dfrac{1}{n}\sum\limits_{k=1}^{n} X_k$ 为样本均值；称 $S^2 = \dfrac{1}{n-1}\sum\limits_{k=1}^{n}(X_k - \overline{X})^2$ 为样本方差；当总体均值 μ 和总体方差 σ^2 未知时，用样本均值作为总体均值的估计值；用样本方差作为总体方差的估计值，即 $E\overline{X} = \mu$, $ES^2 = \sigma^2$ 称为点估计.

4. 统计量是什么?

答　设 $X_1, X_2, \cdots, X_n$ 是总体 X 的样本，令 $\varphi(X_1, X_2, \cdots, X_n)$ 为定义在样本 $X_1, X_2, \cdots, X_n$ 上的函数，若函数中不包含任何未知参数，则称 $\varphi(X_1, X_2, \cdots, X_n)$ 为一个统计量，统计量为随机变量函数.

5. 写出三个来自正态总体的样本所构成的常用统计量的分布.

答 设总体 $X \sim N(\mu, \sigma^2)$, $X_1, X_2, \cdots, X_n$ 是总体 X 的一个样本,则

(1) $\bar{X} \sim N\left(\mu, \frac{\sigma^2}{n}\right)$,其标准化的随机变量 $Z = \frac{\bar{X} - \mu}{\sqrt{\frac{\sigma^2}{n}}} \sim N(0, 1)$ 为一个统计量,且满足

$$P(Z > z_\alpha) = \frac{1}{\sqrt{2\pi}} \int_{z_\alpha}^{+\infty} \mathrm{e}^{-\frac{t^2}{2}} \mathrm{d}t = \alpha$$

或

$$P(Z \leqslant z_\alpha) = \frac{1}{\sqrt{2\pi}} \int_{-\infty}^{z_\alpha} \mathrm{e}^{-\frac{t^2}{2}} \mathrm{d}t = 1 - \alpha, \quad 0 < \alpha < 1.$$

(2) 设样本均值 $\bar{X}$,样本方差 S^2,则统计量为 $T = \frac{\bar{X} - \mu}{\sqrt{\frac{S^2}{n}}} \sim t(n-1)$,且满足

$$P[\,|T| < t_{\frac{\alpha}{2}}(n-1)] = 1 - \alpha.$$

(3) 统计量 $\chi^2 = \frac{(n-1)S^2}{\sigma^2} \sim \chi^2(n-1)$,且满足

$$P[\chi^2_{1-\frac{\alpha}{2}}(n-1) < \chi^2 < \chi^2_{\frac{\alpha}{2}}(n-1)] = 1 - \alpha.$$

6.2 基本要求及重点、难点提示

本章的基本要求:

(1) 理解总体、个体、简单随机样本及统计量的概念和性质.

(2) 掌握样本均值和样本方差的计算,掌握对总体均值和方差的点估计.

(3) 了解统计量均值分布、χ^2 分布、t 分布的定义和性质,掌握它们的图形,了解上侧 α 分位数的概念并会查表计算.

(4) 掌握单个正态总体的常用统计量的分布.

本章重点 样本和统计量的概念,样本均值和样本方差的计算.

本章难点 理解各类正态总体抽样分布.

6.3 习题详解

1. 设 $X_1, X_2, \cdots, X_n$ 是总体 X 的样本,$\bar{X} = \frac{1}{n}\sum_{k=1}^{n} X_k$, $S^2 = \frac{1}{n-1}\sum_{k=1}^{n}(X_k -$

$\overline{X})^2$，若

(1) $X \sim N(\mu, \sigma^2)$；

(2) $X \sim \pi(\lambda)$(X 服从参数为 λ 的泊松分布)；

(3) X 服从参数为 p 的(0—1)分布；

(4) $X \sim E(\lambda)$(X 服从参数为 λ 的指数分布)，

分别求 $E(\bar{X})$，$D(\bar{X})$，$E(S^2)$.

解　利用公式 $E(\bar{X}) = EX$，$D(\bar{X}) = \dfrac{DX}{n}$，

$$E(S^2) = \frac{1}{n-1}\left[\sum_{k=1}^{n} E(X_k^2) - nE(\bar{X}^2)\right] = \frac{1}{n-1}\left[\sum_{k=1}^{n}(\sigma^2+\mu^2) - n\left(\frac{\sigma^2}{n}+\mu^2\right)\right]$$

$$= \frac{1}{n-1}\left[n(\sigma^2+\mu^2) - (\sigma^2+n\mu^2)\right] = \sigma^2.$$

(1) $X \sim N(\mu, \sigma^2)$，$EX = \mu$，$DX = \sigma^2$，

$$E(\bar{X}) = \mu,\ D(\bar{X}) = \frac{\sigma^2}{n},\ E(S^2) = \sigma^2；$$

(2) $X \sim \pi(\lambda)$，$EX = \lambda$，$DX = \lambda$，$E(\bar{X}) = \lambda$，$D(\bar{X}) = \dfrac{\lambda}{n}$，$E(S^2) = \lambda$；

(3) X 服从参数为 p 的(0—1)分布，$EX = p$，$DX = p(1-p)$，

$$E(\bar{X}) = p,\ D(\bar{X}) = \frac{p(1-p)}{n},\ E(S^2) = p(1-p)；$$

(4) $X \sim E(\lambda)$，$EX = \dfrac{1}{\lambda}$，$DX = \dfrac{1}{\lambda^2}$，

$$E(\bar{X}) = \frac{1}{\lambda},\ D(\bar{X}) = \frac{1}{n\lambda^2},\ E(S^2) = \frac{1}{\lambda^2}.$$

2. 测得自动车床加工的 10 个零件的尺寸与规定尺寸的偏差如下：

n	1	2	3	4	5	6	7	8	9	10
X_n/μm	2	1	−2	3	2	4	−2	5	3	4

试求零件尺寸偏差的样本均值和样本方差.

解　$\bar{x} = \dfrac{1}{10}\sum_{k=1}^{10} x_k = 2$，

$$s^2=\frac{1}{9}[(2-2)^2+\cdots+(4-2)^2]=\frac{52}{9}=5.777.$$

3. 从某地区男中学生中随机抽取 9 人,测得其身高和体重值如下[括号中第一个数字为身高 X(单位: cm),第二个数字为体重 Y(单位: kg)]:

(160, 43)　(157, 40)　(153, 42)　(158, 49)　(157, 45)

(154, 42)　(154, 41)　(163, 46)　(156, 45)

分别对身高 X 和体重 Y 的样本均值和样本方差作点估计.

解　身高 $\bar{x}=150+\frac{1}{9}(10+7+3+8+7+4+4+13+6)$

$$=150+\frac{62}{9}=156.9.$$

$$s^2=\frac{1}{8}(3.1^2+0.1^2+3.9^2+1.1^2+0.1^2+2.9^2+2.9^2+6.1^2+0.9^2)$$

$$=\frac{1}{8}(9.61+0.01+15.21+1.21+0.01+8.41+8.41+37.21+0.81)$$

$$=\frac{80.88}{8}\approx 10.1.$$

体重 $\bar{y}=40+\frac{1}{9}(3+2+9+5+2+1+6+5)=40+\frac{33}{9}=43.7.$

$$s^2=\frac{1}{8}(0.7^2+3.7^2+1.7^2+5.3^2+1.3^2+1.7^2+2.7^2+2.3^2+1.3^2)$$

$$=\frac{1}{8}(0.49+13.69+2.89+28.09+1.69+2.89+7.29+5.29+1.69)$$

$$=\frac{64.01}{8}\approx 8.$$

4. 在总体 $X\sim N(52, 6.3^2)$ 中随机抽取一容量为 36 的样本,求样本均值 $\overline{X}$ 落在 50.8～53.8 的概率.

解　因为 $\overline{X}\sim N\left(52, \frac{6.3^2}{36}\right)$, $\sqrt{\frac{6.3^2}{36}}=\frac{6.3}{6}=1.05$,

$$P(50.8 < \bar{X} < 53.8) \approx \Phi\left(\frac{53.8-52}{1.05}\right) - \Phi\left(\frac{50.8-52}{1.05}\right)$$
$$= \Phi(1.714) - \Phi(-1.143) \approx 0.8293.$$

5. 在总体 $X \sim N(80, 20^2)$ 中随机抽取一容量为100的样本，求样本均值与总体均值之差的绝对值大于3的概率.

解　因为 $\bar{X} \sim N\left(80, \frac{20^2}{100}\right)$，$\sqrt{\frac{20^2}{100}} = 2$，所以 $\bar{X} \sim N(80, 4)$，

$$P(|\bar{X}-\mu| > 3) = 1 - P(|\bar{X}-\mu| \leqslant 3) = 1 - P\left(\frac{|\bar{X}-\mu|}{2} \leqslant 1.5\right)$$
$$\approx 2 - 2\Phi(1.5) \approx 2 - 2 \times 0.9332 = 0.1336.$$

6. 查表计算下列分位点.

(1) $t_{0.05}(30)$；(2) $t_{0.025}(16)$；(3) $t_{0.01}(34) = 2.4411 = \lambda$，并对查表得到的数值 λ，求概率 $P[t(34) < \lambda]$，$P[t(34) > \lambda]$，$P[t(34) < -\lambda]$，$P[|t(34)| > \lambda]$；(4) $\chi^2_{0.05}(9)$；(5) $\chi^2_{0.99}(21)$.

解　直接查表得(1) $t_{0.05}(30) = 1.6993$；　(2) $t_{0.025}(16) = 2.1199$；

(3) 由分位数的定义得 $t_{0.01}(34) = \lambda = 2.4411$，

$$P[t(34) < \lambda] = P[t(34) < 2.4411] = 0.99,$$
$$P[t(34) > 2.4411] = 0.01,$$
$$P[t(34) < -\lambda] = P[t(34) < -2.4411] = 0.01,$$
$$P[|t(34)| > \lambda] = P[|t(34)| > 2.4411] = 0.02;$$

(4) $\chi^2_{0.05}(9) = 16.919$；

(5) $\chi^2_{0.99}(21) = 9.897$.

7. 已知某种白炽灯泡的使用寿命 $X \sim N(\mu, \sigma^2)$，在某星期所生产的该种灯泡中随机抽取10只，测得其寿命(单位：h)如下：

1 067　919　1 196　785　1 126　936　918　1 156　920　948.

试用样本数字特征法求出寿命总体的均值 μ 和方差 σ^2 的估计值，并估计这种灯泡的寿命大于1 300 h的概率.

解 $\hat{\mu}=\bar{x}=997.1(\mathrm{h})$，$\hat{\sigma}^2=s^2=\dfrac{1}{9}\times 155\,743=131.55^2(\mathrm{h}^2)$，

$$P(X>1\,300)=1-P\left(\frac{X-\hat{\mu}}{\hat{\sigma}}<\frac{1\,300-\hat{\mu}}{s}\right)\approx 1-\Phi\left(\frac{1\,300-997.1}{131.55}\right)$$

$$\approx 1-\Phi(2.305)\approx 1-0.989\,3=0.010\,7.$$

6.4 同步练习题及答案

一、填空题

1. 随机地从一批钉子中抽取几枚，已知这些钉子长 $X\sim N(\mu,\sigma^2)$，则统计量$Z=\dfrac{\bar{X}-\mu}{\sqrt{\dfrac{\sigma^2}{n}}}\sim$________.

2. 设 $X_1,X_2,\cdots,X_n$ 是来自正态总体 $X\sim N(\mu,\sigma^2)$的样本，则$\dfrac{\bar{X}-\mu}{\sqrt{\dfrac{S^2}{n}}}\sim$________.

3. 设 $X_1,X_2,\cdots,X_n$ 是来自正态总体 $X\sim N(\mu,\sigma^2)$的样本，S^2 为样本方差，则$\dfrac{(n-1)S^2}{\sigma^2}\sim$________.

4. 设 $X_1,X_2,\cdots,X_n$ 是来自正态总体 $X\sim N(\mu,\sigma^2)$ 的样本，则$\dfrac{1}{\sigma^2}\sum\limits_{k=1}^{n}(X_k-\mu)^2\sim$________.

5. 设 X_1,X_2,X_3,X_4 是来自正态总体 $X\sim N(0,4)$的简单随机样本，

$$X=a(X_1-2X_2)^2+b(3X_3-4X_4)^2,$$

当 $a=$________，$b=$________时，统计量 X 服从χ^2 分布，自由度为________.

二、计算题

1. 从一正态总体中抽取容量为 10 的样本，若样本均值与总体均值差的绝对值在 4 以上概率为 2%，求总体方差.

2. 设 $X_1,X_2,\cdots,X_n$ 为来自正态总体 $X\sim N(60,100)$的样本，为使样本均值$\bar{X}$小于 62 的概率不小于 90%，问 n 应取多少？

3. 从正态总体 $X \sim N(3.4, 6^2)$ 中抽取容量为 n 的样本 $X_1, X_2, \cdots, X_n$，如果要求其样本均值 $\bar{X}$ 位于区间(1.4, 5.4)内的概率不小于0.95，问样本容量 n 至少应取多大？

z	1.28	1.645	1.96	2.33
$\Phi(z)$	0.900	0.950	0.975	0.990

4. 在天平上重复称量一重为 a 的物品，假设各次称量结果为 $X_1, X_2, \cdots, X_n$，相互独立且服从正态分布 $N(a, 0.2^2)$. 若以 $\bar{X}_n$ 表示 n 次称量结果算数平均值，且 $\bar{X}_n \sim N\left(a, \frac{0.2^2}{n}\right)$，则

$$P(|\overline{X_n} - a| < 0.1) \geqslant 0.95.$$

求 n 最小值不小于自然数是多少？

5. 设某厂生产的灯泡的寿命 $X \sim N(1\,000, \sigma^2)$（单位：h），今抽取一容量为9的样本，测得 $s = 100$，求 $P(\bar{X} < 940)$ 的近似值.

6. 设总体 $X \sim N(\mu, \sigma^2)$，$\bar{X}_1$ 和 $\bar{X}_2$ 分别为该总体容量为10和15的两个样本均值，$p_1 = P(|\bar{X}_1 - \mu| > \sigma)$，$p_2 = P(|\bar{X}_2 - \mu| > \sigma)$，试比较 p_1，p_2 的大小.

答　案

一、填空题

1. $N(0, 1)$.　**2.** $t(n-1)$.　**3.** $\frac{(n-1)S^2}{\sigma^2} \sim \chi^2(n-1)$.　**4.** $\chi^2(n)$.

5. $a = \frac{1}{20}$, $b = \frac{1}{100}$, $n = 2$.

二、计算题

1. 解　设总体 $X \sim N(\mu, \sigma^2)$，则 $\bar{X} \sim N\left(\mu, \frac{\sigma^2}{10}\right)$，由题意得

$$P(|\bar{X} - \mu| > 4) = 0.02,$$

即

$$P\left(\frac{|\bar{X} - \mu|}{\sigma}\sqrt{10} > \frac{4\sqrt{10}}{\sigma}\right) = 0.02,$$

$$2P\left(\frac{\overline{X}-\mu}{\sigma}\sqrt{10}>\frac{4\sqrt{10}}{\sigma}\right)=0.02,\quad 2\left[1-\Phi\left(\frac{4\sqrt{10}}{\sigma}\right)\right]=0.02,$$

$$\Phi\left(\frac{4\sqrt{10}}{\sigma}\right)=0.99,\quad \frac{4\sqrt{10}}{\sigma}=2.33,\quad \sigma^2=29.47.$$

2. 解 因为 $X\sim N(60,100)$，则 $\overline{X}\sim N\left(60,\frac{100}{n}\right)$，

$P(\overline{X}<62)\geqslant 0.9$，即 $P\left(\frac{\overline{X}-60}{10}\sqrt{n}<\frac{2}{10}\sqrt{n}\right)\geqslant 0.9$.

$\Phi\left(\frac{\sqrt{n}}{5}\right)\geqslant 0.9$，$\frac{\sqrt{n}}{5}\geqslant 1.28$，所以 $n\geqslant 41$.

3. 解 以 $\overline{X}$ 表示样本均值，因为 $X\sim N(3.4,6^2)$，于是 $\frac{\overline{X}-3.4}{\frac{6}{\sqrt{n}}}\sim N(0,1)$，则

$$P(1.4<\overline{X}<5.4)=P\left(\frac{1.4-3.4}{\frac{6}{\sqrt{n}}}<\frac{\overline{X}-3.4}{\frac{6}{\sqrt{n}}}<\frac{5.4-3.4}{\frac{6}{\sqrt{n}}}\right)$$

$$=\Phi\left(\frac{\sqrt{n}}{3}\right)-\Phi\left(-\frac{\sqrt{n}}{3}\right)=2\Phi\left(\frac{\sqrt{n}}{3}\right)-1\geqslant 0.95,$$

得 $\Phi\left(\frac{\sqrt{n}}{3}\right)\geqslant 0.975$，由此得 $\frac{\sqrt{n}}{3}\geqslant 1.96$，即 $n\geqslant(3\times 1.96)^2=34.5744$，所以 n 至少应取 35.

4. 解 因为 $\overline{X}_n\sim N\left(a,\frac{0.2^2}{n}\right)$，于是 $\frac{\overline{X}_n-a}{\frac{0.2}{\sqrt{n}}}\sim N(0,1)$，则

$$P(|\overline{X}_n-a|<0.1)=P\left(\left|\frac{\overline{X}_n-a}{\frac{0.2}{\sqrt{n}}}\right|<\frac{0.1}{\frac{0.2}{\sqrt{n}}}\right)=2\Phi\left(\frac{\sqrt{n}}{2}\right)-1\geqslant 0.95,$$

得 $\Phi\left(\frac{\sqrt{n}}{2}\right)\geqslant 0.975$，由此得 $\frac{\sqrt{n}}{2}\geqslant 1.96$，即 $n\geqslant(2\times 1.96)^2=15.3664$，所以 n 至少应取 16.

5. 解 因为 $T=\frac{\overline{X}-\mu}{\frac{S}{\sqrt{n}}}=\frac{\overline{X}-1000}{\frac{100}{3}}\sim t(8)$，则

$$P(\bar{X}<940)=P\left(\frac{\bar{X}-1\,000}{\frac{100}{3}}<\frac{3\times(940-1\,000)}{100}\right)=P(T<-1.8)\approx\alpha,$$

即有 $t_\alpha(8)=1.8$. 又 $t_{0.05}(8)=1.839\,5$，$t_{0.1}(8)=1.396\,8$. 由插入法得 $\alpha\approx0.056$，得 $P(\bar{X}<940)\approx0.056$.

6. 解　因为 $\bar{X}_1\sim N\left(\mu,\frac{\sigma^2}{10}\right)$，$\bar{X}_2\sim N\left(\mu,\frac{\sigma^2}{15}\right)$，则

$$p_1=P(|\bar{X}_1-\mu|>\sigma)=1-P\left(\left|\frac{\bar{X}_1-\mu}{\frac{\sigma}{\sqrt{10}}}\right|\leqslant\sqrt{10}\right)=1-[2\Phi(\sqrt{10})-1]$$

$$=2-2\Phi(\sqrt{10}),$$

$$p_2=P(|\bar{X}_2-\mu|>\sigma)=1-P\left(\left|\frac{\bar{X}_2-\mu}{\frac{\sigma}{\sqrt{15}}}\right|\leqslant\sqrt{15}\right)=2-2\Phi(\sqrt{15}),$$

又 $\Phi(x)$ 为单增函数，所以 $p_1>p_2$.

第 7 章　参数估计

本章内容是数理统计中重要的内容，

7.1　内容提要问答

1. 什么是点估计？

答　设总体 X 的分布函数 $F(X, \theta)$ 形式为已知，其中 θ 为未知的参数. $X_1, X_2, \cdots, X_n$ 是来自总体的一个简单随机样本，$x_1, x_2, \cdots, x_n$ 是相应的样本值，点估计方法就是构造一个适当的统计量 $\hat{\theta}(X_1, X_2, \cdots, X_n)$ 用来估计未知参数，称统计量 $\hat{\theta}(X_1, X_2, \cdots, X_n)$ 为参数 θ 的点估计量. $\hat{\theta}(x_1, x_2, \cdots, x_n)$ 可作为参数 θ 的近似值，称 $\hat{\theta}(x_1, x_2, \cdots, x_n)$ 为参数 θ 的点估计值.

2. 什么是矩估计法？

答　(1) 总体 X 的 k 阶原点矩 $\mu_k = E(X^k) \quad (k = 1, 2, \cdots, n)$.

(2) 样本 $X_1, X_2, \cdots, X_n$ 的 k 阶原点矩 $A_k = \dfrac{1}{n}\sum_{i=1}^{n} X_i^k$，其反映了总体 X 的 k 阶原点矩 $E(X^k)$ 的信息.

矩估计法：利用样本矩代替总体矩，从而得出待估计参数表达式的方法. 常用的是

$$EX = \bar{X} = A_1, \quad E(X^2) = \frac{1}{n}\sum_{i=1}^{n} X_i^2 = A_2.$$

3. 什么是极大似然函数？

答　(1) 设离散总体 X 分布的类型已知，但有未知参数 θ.

设总体的分布律为

$$P(X = x) = p(x;\theta);$$

由样本的分布律得

$$p(x_1;\theta)p(x_2;\theta)\cdots p(x_n;\theta) = \prod_{i=1}^{n} p(x_i;\theta),$$

称为似然函数,记为 $L(\theta)=L(x_1, x_2, \cdots, x_n;\theta)$,即

$$L(\theta)=\prod_{i=1}^{n} p(x_i;\ \theta).$$

(2) 设连续型随机变量总体 X 分布的类型已知,但有未知参数 θ. 设总体的概率密度为 $f(x,\ \theta)$,则样本的概率密度 $f(x_1;\ \theta)f(x_2;\ \theta)\cdots f(x_n;\ \theta)=\prod_{i=1}^{n} f(x_i;\ \theta)$ 称为似然函数,记为 $L(\theta)=\prod_{i=1}^{n} f(x_i;\ \theta)$,其中 $x_1, x_2, \cdots, x_n$ 是已知的,θ 是未知的.

极大似然估计的原理为构造估计量 $\hat{\theta}$,使得似然函数 $L(\theta)$ 最大.

4. 简述极大似然估计的方法步骤.

答　第一步,写出似然函数 $L(\theta)=\prod_{i=1}^{n} f(x_i;\ \theta)$;

第二步,写出对数似然函数 $\ln L(\theta)=\ln[\prod_{i=1}^{n} f(x_i;\theta)]=\sum_{i=1}^{n}\ln f(x_i;\ \theta)$;

第三步,对对数似然函数 $\ln L(\theta)$ 求其驻点 $\frac{\partial \ln L(\theta)}{\partial \theta}=0$;

第四步,解出方程的解 $\hat{\theta}=\hat{\theta}(x_1, x_2, \cdots, x_n)$,如果 $\hat{\theta}$ 是唯一的,从而 $\hat{\theta}=\hat{\theta}(x_1, x_2, \cdots, x_n)$ 为极大似然估计值.

5. 说出三个估计量的评选标准.

答　设 $\hat{\theta}=\hat{\theta}(x_1, x_2, \cdots, x_n)$ 是未知参数 θ 的估计值.

(1) 无偏性:若 $E(\hat{\theta})=\theta$,则称 $\hat{\theta}=\hat{\theta}(x_1, x_2, \cdots, x_n)$ 是 θ 的无偏估计量. 本质上,无偏性就是统计量的数学期望.

(2) 有效性:若 $\hat{\theta}_1=\hat{\theta}_1(x_1, x_2, \cdots, x_n)$ 与 $\hat{\theta}_2=\hat{\theta}_2(x_1, x_2, \cdots, x_n)$ 都是 θ 的无偏估计量,又 $D(\hat{\theta}_1)<D(\hat{\theta}_2)$,则称 $\hat{\theta}_1$ 比 $\hat{\theta}_2$ 有效.

本质上,有效性是比较无偏估计量方差的大小.

综上所述,估计量的无偏性和有效性就是求统计量的期望与方差.

(3) 一致性:设 $\hat{\theta}_n=\hat{\theta}(x_1, x_2, \cdots, x_n)$ 是未知参数 θ 的估计值,若对于任意正数 ε,满足 $\lim_{n\to\infty}P(|\hat{\theta}_n-\hat{\theta}|<\varepsilon)=1$,则称设 $\hat{\theta}=\hat{\theta}(x_1, x_2, \cdots, x_n)$ 是未知参数 θ 的一致估计.

6. 什么是随机区间?

答　若由总体 X 的样本 $X_1, X_2, \cdots, X_n$ 确定的两个统计量,$\theta_1=\theta_1(X_1,$

$X_2, \cdots, X_n$) 与 $\theta_2 = \theta_2(X_1, X_2, \cdots, X_n)$，$\theta_1 < \theta_2$，则$(\theta_1, \theta_2)$为随机区间.

7. 什么是置信区间与置信度?

答 若对给定 $\alpha(0 < \alpha < 1)$ 随机区间(θ_1, θ_2)满足 $P(\theta_1 < \theta < \theta_2) = 1 - \alpha$，则称其为置信度(置信水平)为 $1-\alpha$ 的置信区间.

8. 写出均值 μ，σ^2 的置信区间.

答 (1) σ^2 已知时，μ 置信度为 $1-\alpha$ 的置信区间：

$$\left(\bar{X} - z_{\frac{\alpha}{2}} \frac{\sigma}{\sqrt{n}},\ \bar{X} + z_{\frac{\alpha}{2}} \frac{\sigma}{\sqrt{n}}\right);$$

(2) σ^2 未知时，μ 置信度为 $1-\alpha$ 的置信区间：

$$\left(\bar{X} - t_{\frac{\alpha}{2}}(n-1) \frac{S}{\sqrt{n}},\ \bar{X} + t_{\frac{\alpha}{2}}(n-1) \frac{S}{\sqrt{n}}\right);$$

(3) σ^2 置信度为 $1-\alpha$ 的置信区间$\left(\dfrac{(n-1)S^2}{\chi^2_{\frac{\alpha}{2}}(n-1)},\ \dfrac{(n-1)S^2}{\chi^2_{1-\frac{\alpha}{2}}(n-1)}\right)$.

7.2 基本要求及重点、难点提示

本章的基本要求：

(1) 知道参数的点估计、估计量与估计值的概念.

(2) 知道矩估计法与极大似然估计的原理，掌握矩估计法(一阶矩、二阶矩)及极大似然估计法.

(3) 了解估计量的评选标准(无偏性、有效性、一致性)，会判断简单的估计量的无偏性和有效性.

(4) 知道区间估计的基本原理与方法，掌握一个正态总体均值和方差的区间估计.

本章重点 矩估计法，极大似然估计法，正态总体均值与方差的区间估计.

本章难点 极大似然估计法似然函数的刻画.

7.3 习题详解

1. 设某车间生产一批产品，抽取了 n 件产品进行检查，用矩估计法和极大似然估计法估计其不合格品率.

解 设总体 X 是抽一件产品的不合格数，相当于抽取了一组样本 X_1,

$X_2, \cdots, X_n$，且 $X_i = \begin{cases} 1, & \text{第 } i \text{ 次取得不合格品}, \\ 0, & \text{第 } i \text{ 次取得合格品}. \end{cases}$

因为 $EX = p$，故 p 的矩估计量为

$$\hat{p} = \bar{X} = \frac{1}{n}\sum_{i=1}^{n} X_i = f_n(A),$$

即出现不合格品的频率.

记 $p = P(X=1) = P$（产品不合格），则 X 的分布律可表示为

$$p(x;\, p) = \begin{cases} p^x(1-p)^{1-x}, & x = 0, 1, \\ 0, & \text{其他}. \end{cases}$$

$$L(x_1, x_2, \cdots, x_n;\, p) = \prod_{i=1}^{n} p^{x_i}(1-p)^{1-x_i} = p^{\sum\limits_{i=1}^{n} x_i}(1-p)^{n-\sum\limits_{i=1}^{n} x_i}$$

$$(x_i = 0, 1;\ 0 < p < 1),$$

$$\ln L(p) = \left(\sum_{i=1}^{n} x_i\right)\ln p + \left(n - \sum_{i=1}^{n} x_i\right)\ln(1-p),$$

$$\frac{\mathrm{d}\ln L(p)}{\mathrm{d}p} = \frac{\sum\limits_{i=1}^{n} x_i}{p} - \frac{n - \sum\limits_{i=1}^{n} x_i}{1-p} = 0, \quad \frac{1-p}{p} = \frac{n - \sum\limits_{i=1}^{n} x_i}{\sum\limits_{i=1}^{n} x_i},$$

解得 $$\hat{p} = \frac{1}{n}\sum_{i=1}^{n} x_i = \bar{x} = \frac{m}{n}\text{（频率值）}.$$

2. 设总体 X 的概率分布为

X	1	2	3
p_k	θ	$\frac{\theta}{2}$	$1-\frac{3\theta}{2}$

其中 $\theta(\theta>0)$ 是未知参数，利用总体 X 的样本值 2，3，2，1，3，求 θ 的矩估计值和最大似然估计值.

解 $\bar{x} = \frac{1}{5}(2+3+2+1+3) = 2.2,$

$$EX=\theta+2\frac{\theta}{2}+3\left(1-\frac{3\theta}{2}\right)=3-\frac{5}{2}\theta.$$

令 $\bar{x}=EX$,则 $3-\frac{5}{2}\theta=2.2$,得矩估计值 $\hat{\theta}\approx 0.32$.

$$L(\theta)=\frac{\theta}{2}\left(1-\frac{3\theta}{2}\right)\times\frac{\theta}{2}\times\theta\left(1-\frac{3\theta}{2}\right)=\frac{\theta^3(2-3\theta)^2}{16},$$

$$\ln L(\theta)=-\ln 16+3\ln\theta+2\ln(2-3\theta),$$

$$\frac{\mathrm{d}\ln L(\theta)}{\mathrm{d}\theta}=\frac{3}{\theta}+\frac{6}{3\theta-2}=0,\quad \frac{2-3\theta}{\theta}=2,$$

得最大似然估计值 $\hat{\theta}=0.4$.

3. 设总体 X 的概率分布为

X	0	1	2	3
p_k	θ^2	$2\theta(1-\theta)$	θ^2	$1-2\theta$

其中 $\theta\left(0<\theta<\frac{1}{2}\right)$ 是未知参数,利用总体 X 的样本值:3, 1, 3, 0, 3, 1, 2, 3, 求 θ 的矩估计值和极大似然估计值.

(1) 矩估计:

$$EX=0\times\theta^2+1\times 2\theta(1-\theta)+2\times\theta^2+3(1-2\theta)=3-4\theta,$$

$$\bar{X}=\frac{1}{8}(3+1+3+0+3+1+2+3)=2.$$

令 $EX=\bar{X}$,即 $3-4\theta=2$,得 $\theta=\frac{1}{4}$,所以 θ 的矩估计值为 $\hat{\theta}=\frac{1}{4}$.

(2) 极大似然估计:令似然函数为

$$\begin{aligned}L(\theta)&=P(X_1=3,X_2=1,X_3=3,X_4=0,X_5=3,X_6=1,\\&\qquad X_7=2,X_8=3)\\&=P(X=0)[P(X=1)]^2P(X=2)[P(X=3)]^4\\&=\theta^2[2\theta(1-\theta)]^2\theta^2(1-2\theta)^4=4\theta^6(1-\theta)^2(1-2\theta)^4.\end{aligned}$$

对数似然函数为

$$\ln L(\theta) = \ln 4 + 6\ln\theta + 2\ln(1-\theta) + 4\ln(1-2\theta),$$

$$\frac{\mathrm{d}\ln L(\theta)}{\mathrm{d}\theta} = \frac{6}{\theta} - \frac{2}{1-\theta} - \frac{8}{1-2\theta} = \frac{6-28\theta+24\theta^2}{\theta(1-\theta)(1-2\theta)}.$$

令 $\dfrac{\mathrm{d}\ln L(\theta)}{\mathrm{d}\theta} = 0$，即 $\dfrac{24\theta^2-28\theta+6}{\theta(1-\theta)(1-2\theta)} = 0$，

解得 $\theta_{1,2} = \dfrac{1}{12}(7\pm\sqrt{13})$，但 $\theta = \dfrac{1}{12}(7+\sqrt{13}) > \dfrac{1}{2}$，不合题意，舍去.

故 θ 的最大似然估计值为 $\hat{\theta} = \dfrac{1}{12}(7-\sqrt{13})$.

4. 设总体 X 的概率密度为

$$f(x;\theta) = \begin{cases} \sqrt{\theta}x^{\sqrt{\theta}-1}, & 0\leqslant x\leqslant 1, \\ 0, & \text{其他} \end{cases} \quad (\theta>0),$$

有样本 $X_1, X_2, \cdots, X_n$，其相应的样本值为 $x_1, x_2, \cdots, x_n$. 求未知参数 θ 的矩估计值与极大似然估计值.

解　$\mu = EX = \bar{X}$，　$EX = \sqrt{\theta}\int_0^1 x^{\sqrt{\theta}}\mathrm{d}x = \dfrac{\sqrt{\theta}}{\sqrt{\theta}+1} = \bar{X}$，　$\mu = \bar{x} = \dfrac{\sqrt{\hat{\theta}}}{\sqrt{\hat{\theta}}+1}$，

解得 θ 的矩估计值为 $\hat{\theta} = \left(\dfrac{\bar{x}}{1-\bar{x}}\right)^2$.

似然函数 $L(\theta) = \prod\limits_{i=1}^{n} f(x_i,\theta) = \prod\limits_{i=1}^{n}(\sqrt{\theta}x_i^{\sqrt{\theta}-1}) = \theta^{\frac{n}{2}}(\prod\limits_{i=1}^{n} x_i)^{\sqrt{\theta}-1}$，$0\leqslant x_i\leqslant 1$，

$$\ln L(\theta) = \frac{n}{2}\ln\theta + (\sqrt{\theta}-1)\ln(\prod_{i=1}^{n} x_i) = \frac{n}{2}\ln\theta + (\sqrt{\theta}-1)(\sum_{i=1}^{n}\ln x_i).$$

由 $\dfrac{\mathrm{d}\ln L(\theta)}{\mathrm{d}\theta} = \dfrac{n}{2\theta} + \dfrac{1}{2\sqrt{\theta}}\sum\limits_{i=1}^{n}\ln x_i = 0$，解得 θ 的极大似然估计值

$$\hat{\theta} = \frac{n^2}{(\sum_{i=1}^{n}\ln x_i)^2}.$$

5. 设总体 X 的概率密度为

$$f(x;\theta)=\begin{cases}\theta x^{-(\theta+1)}, & x>1,\\ 0, & 其他\end{cases}\quad(\theta>1),$$

有样本 $X_1, X_2, \cdots, X_n$,其相应的样本值为 $x_1, x_2, \cdots, x_n$. 求未知参数 θ 的矩估计值与极大似然估计值.

解 $\mu=EX=\bar{X},\ EX=\theta\int_1^{+\infty}x^{-\theta}\mathrm{d}x=\dfrac{\theta}{\theta-1}=\bar{X}$,

$$\mu=\bar{x}=\frac{\hat{\theta}}{\hat{\theta}-1}=1+\frac{1}{\hat{\theta}-1},$$

解得 θ 的矩估计值为 $\hat{\theta}=\dfrac{\bar{x}}{\bar{x}-1}$.

似然函数

$$L(\theta)=\prod_{i=1}^{n}f(x_i,\theta)=\prod_{i=1}^{n}(\theta x_i^{-(\theta+1)})=\theta^n(\prod_{i=1}^{n}x_i)^{-(\theta+1)},\quad x_i>1,$$

$$\ln L(\theta)=n\ln\theta-(\theta+1)\ln(\prod_{i=1}^{n}x_i)=n\ln\theta-(\theta+1)(\sum_{i=1}^{n}\ln x_i).$$

由 $\dfrac{\mathrm{d}\ln L(\theta)}{\mathrm{d}\theta}=\dfrac{n}{\theta}-\sum_{i=1}^{n}\ln x_i=0$,解得 θ 的极大似然估计值 $\hat{\theta}=\dfrac{n}{\sum_{i=1}^{n}\ln x_i}$.

6. 设总体 X 的概率密度为

$$f(x;\theta)=\begin{cases}\dfrac{x}{\theta^2}\mathrm{e}^{-\frac{x^2}{2\theta^2}}, & x>1,\\ 0, & 其他\end{cases}\quad(\theta>0),$$

有样本 $X_1, X_2, \cdots, X_n$,其相应的样本值为 $x_1, x_2, \cdots, x_n$,求未知参数 θ 的极大似然估计值.

解 似然函数

$$L(\theta)=\prod_{i=1}^{n}f(x_i,\theta)=\prod_{i=1}^{n}\left(\frac{x_i}{\theta^2}\mathrm{e}^{-\frac{x_i^2}{2\theta^2}}\right)=\theta^{-2n}\mathrm{e}^{-\frac{\sum_{i=1}^{n}x_i^2}{2\theta^2}}(\prod_{i=1}^{n}x_i),\quad x_i>0,$$

$$\ln L(\theta)=-2n\ln\theta-\frac{1}{2\theta^2}\sum_{i=1}^{n}x_i^2+\ln(\prod_{i=1}^{n}x_i).$$

由 $\dfrac{\mathrm{d}\ln L(\theta)}{\mathrm{d}\theta}=-\dfrac{2n}{\theta}+\dfrac{1}{\theta^3}\sum_{i=1}^{n}x_i^2=0$,解得$\hat{\theta}=\sqrt{\dfrac{\sum_{i=1}^{n}x_i{}^2}{2n}}$.

7. 设某种元件使用寿命 X(单位: h)的概率密度为

$$f(x;\theta)=\begin{cases}\dfrac{1}{\theta}, & 0<x<\theta,\\ 0, & \text{其他}.\end{cases}$$

随机取 n 个元件进行寿命试验,结果分别是 $x_1, x_2, \cdots, x_n$,求未知参数 θ 的极大似然估计值.

解 似然函数 $L(\theta)=\prod_{i=1}^{n}f(x_i,\theta)=\dfrac{1}{\theta^n},\quad 0<x_i<\theta.$

要使$\dfrac{1}{\theta^n}$最大,取$\hat{\theta}=\max\{x_1, x_2, \cdots, x_n\}$,才能使 $L(\theta)$取得最大值.

8. 设某种元件使用寿命 X(单位: h)的密度函数是

$$f(x;\theta)=\begin{cases}\mathrm{e}^{-(x-\theta)}, & x\geqslant\theta,\\ 0, & x<\theta.\end{cases}$$

随机取 n 个元件进行寿命试验,结果分别是 $x_1, x_2, \cdots, x_n$,求未知参数 θ 的极大似然估计值.

解 似然函数 $L(\theta)=\prod_{i=1}^{n}f(x_i,\theta)=\prod_{i=1}^{n}\mathrm{e}^{(\theta-x_i)},\quad x_i\geqslant\theta.$

要使 $\theta-x_i\leqslant 0$ 最大,取$\hat{\theta}=\min\{x_1, x_2, \cdots, x_n\}$,才能使 $L(\theta)$取得最大值.

9. 设总体 X 的密度函数为

$$f(x;a;\lambda)=\begin{cases}\lambda a x^{a-1}\mathrm{e}^{-\lambda x}, & x\geqslant 0,\\ 0, & x<0\end{cases}\quad(a>0,\lambda>0),$$

$x_1, x_2, \cdots, x_n$ 是样本 $X_1, X_2, \cdots, X_n$ 的样本值,求未知参数 a 和 λ 的极大似然估计值.

解 似然函数

$$L(a;\lambda)=\prod_{i=1}^{n}(\lambda a x_i^{a-1}e^{-\lambda x_i})=\lambda^n a^n(\prod_{i=1}^{n}x_i)^{a-1}e^{-\lambda\sum_{i=1}^{n}x_i},\quad x_i\geqslant 0,$$

$$\ln L(a;\lambda)=n\ln\lambda+n\ln a+(a-1)\ln(\prod_{i=1}^{n}x_i)-\lambda\sum_{i=1}^{n}x_i.$$

由 $\frac{\partial\ln L(a;\lambda)}{\partial a}=\frac{n}{a}+\ln(\prod_{i=1}^{n}x_i)=0$，解得 a 的极大似然估计值 $\hat{a}=-\frac{n}{\ln\prod_{i=1}^{n}x_i}$；

由 $\frac{\partial\ln L(a;\lambda)}{\partial\lambda}=\frac{n}{\lambda}-\sum_{i=1}^{n}x_i=0$，解得 λ 的极大似然估计值 $\hat{\lambda}=\frac{n}{\sum_{i=1}^{n}x_i}=\frac{1}{\bar{x}}$.

10. 设总体 X 的分布函数为

$$F(x;\beta)=\begin{cases}1-\frac{1}{x^\beta}, & x>1,\\ 0, & x\leqslant 1,\end{cases}$$

其中未知参数 $\beta>1$，$X_1, X_2, \cdots, X_n$ 是来自总体 X 的简单随机样本，求(1) 总体 X 的概率密度函数 $f(x,\beta)$；(2) β 的矩估计量；(3) β 的最大似然估计量.

解 (1) $F'_-(1)=0$，$F'_+(1)=\lim_{x\to 1^+}\frac{1-\frac{1}{x^\beta}}{x}=\lim_{x\to 1^+}\frac{x^\beta-1}{x^{\beta+1}}=0$，

概率密度函数 $f(x;\beta)=\begin{cases}\frac{\beta}{x^{\beta+1}}, & x>1,\\ 0, & x\leqslant 1,\end{cases}\quad \beta>1.$

(2) 由于 $EX=\int_{-\infty}^{+\infty}xf(x;\beta)dx=\beta\int_1^{+\infty}\frac{x}{x^{\beta+1}}dx=\beta\int_1^{+\infty}x^{-\beta}dx=\frac{\beta}{\beta-1}$，

令 $\frac{\beta}{\beta-1}=\bar{X}$，则参数 β 的矩估计量 $\hat{\beta}=\frac{\bar{X}}{\bar{X}-1}$.

(3) $L(\beta)=\prod_{i=1}^{n}f(x;\beta)=\frac{\beta^n}{(x_1x_2\cdots x_n)^{\beta+1}}$，$x_i>1$，$i=1, 2, \cdots, n$.

$$\ln L(\beta) = n\ln\beta - (\beta+1)\sum_{i=1}^{n}\ln x_i, \quad x_i > 1,$$

$$\frac{\mathrm{d}\ln L(\beta)}{\mathrm{d}\beta} = \frac{n}{\beta} - \sum_{i=1}^{n}\ln x_i = 0,$$

可得 β 的最大似然估计量 $\hat{\beta} = \dfrac{n}{\sum\limits_{i=1}^{n}\ln X_i}$.

11. 设 $X_1, X_2, \cdots, X_n$ 为来自总体 X 的简单随机样本,总体 X 的分布函数为

$$F(x; \alpha; \beta) = \begin{cases} 1-\left(\dfrac{\alpha}{x}\right)^{\beta}, & x > \alpha, \\ 0, & x \leqslant \alpha, \end{cases} \quad \alpha > 0, \beta > 1,$$

求(1) 当 $\alpha = 1$ 时,参数 β 的最大似然估计量;(2) 当 $\beta = 2$ 时,参数 α 的最大似然估计量.

解 设随机变量 X 的密度函数为 $f(x, \alpha, \beta) = \begin{cases} \beta\alpha^{\beta}x^{-\beta-1}, & x > \alpha, \\ 0, & x \leqslant \alpha, \end{cases}$

似然函数为 $L(\alpha, \beta) = \prod\limits_{k=1}^{n} f(x_k, \alpha, \beta) = \alpha^{n\beta}\beta^{n}(x_1, x_2, \cdots, x_n)^{-\beta-1}$,

$$\begin{aligned} \ln L(\alpha, \beta) &= n\beta\ln\alpha + n\ln\beta - (\beta+1)\ln(x_1x_2\cdots x_n) \\ &= n\beta\ln\alpha + n\ln\beta - (\beta+1)\sum_{k=1}^{n}\ln x_k. \end{aligned}$$

(1) 当 $\alpha = 1$ 时,$\ln L(\beta) = n\ln\beta - (\beta+1)\sum\limits_{k=1}^{n}\ln x_k$.

令 $\dfrac{\mathrm{d}\ln L(\beta)}{\mathrm{d}\beta} = \dfrac{n}{\beta} - \sum\limits_{k=1}^{n}\ln x_k = 0$,得参数 β 的最大似然估计量 $\hat{\beta} = \dfrac{n}{\sum\limits_{k=1}^{n}\ln X_k}$.

(2) 当 $\beta = 2$ 时,$\ln L(\alpha) = 2n\ln\alpha + n\ln 2 - 3\sum\limits_{k=1}^{n}\ln x_k$.

令 $\dfrac{\mathrm{d}\ln L(\alpha)}{\mathrm{d}\alpha} = \dfrac{2n}{\alpha} > 0$, 可见 α 越大,$\ln L(\alpha)$ 越大,$L(\alpha)$ 也越大,故取 $\hat{\alpha} =$

$\min\{x_1, x_2, \cdots, x_n\}$ 时,L 达到最大,参数 α 的最大似然估计量 $\hat{\alpha} = \min\{X_1, X_2, \cdots, X_n\}$.

12. 设总体 $X \sim U(a, 1)$,有样本 $X_1, X_2, \cdots, X_n$,样本均值$\overline{X}$,证明$\hat{a}=2\overline{X}-1$是 a 的无偏估计.

解 $E(\overline{X}) = EX = \dfrac{a+1}{2}$,

$$E(\hat{a}) = E(2\overline{X}-1) = 2EX - 1 = 2\frac{a+1}{2} - 1 = a,$$

所以 $\hat{a} = 2\overline{X} - 1$ 是 a 的无偏估计.

13. 设总体 X, $EX = a$, $DX = b^2$,有样本 X_1, X_2, X_3,参数a有三个估计量:$\hat{a}_1 = \frac{1}{3}(X_1 + X_2 + X_3)$, $\hat{a}_2 = \frac{1}{5}X_1 + \frac{3}{5}X_2 + \frac{1}{5}X_3$, $\hat{a}_3 = \frac{1}{2}X_1 + \frac{1}{3}X_2 + \frac{1}{4}X_3$,试说明哪些是 a 的无偏估计量?在无偏估计量中,哪一个最有效?

解 已知 $EX = a$, $DX = b^2$,由于

$$E(\hat{a}_1) = \frac{1}{3}E(X_1 + X_2 + X_3) = \frac{1}{3}(a + a + a) = a,$$

$$E(\hat{a}_2) = \frac{1}{5}E(X_1 + 3X_2 + X_3) = \frac{1}{5}(a + 3a + a) = a,$$

$$E(\hat{a}_3) = \frac{1}{2}EX_1 + \frac{1}{3}EX_2 + \frac{1}{4}EX_3 = \frac{a}{2} + \frac{a}{3} + \frac{a}{4} = \frac{13}{12}a,$$

所以$\hat{a}_1$ 与$\hat{a}_2$ 是 a 的无偏估计量,即

$$D(\hat{a}_1) = \frac{1}{9}D(X_1 + X_2 + X_3) = \frac{b^2}{3},$$

$$D(\hat{a}_2) = \frac{1}{25}D(X_1 + 3X_2 + X_3) = \frac{1}{25}(b^2 + 9b^2 + b^2) = \frac{11}{25}b^2,$$

故$\hat{a}_1$ 比$\hat{a}_2$ 更有效.

14. 测量某物体的长度时由于存在测量误差,每次测得的长度只能是近似值.

假定 n 个测量值 $X_1, X_2, \cdots, X_n$ 是独立同分布的随机变量,具有共同的数学期望 μ(即物体的实际长度),标准差是 $\sigma=1$,用测量值的平均值 $\overline{X}=\frac{1}{n}\sum_{k=1}^{n}X_k$ 来估计 μ.

(1) 问 $\overline{X}$ 是否为 μ 的无偏估计量,为什么?

(2) 要以95%以上的把握使得 $\overline{X}$ 和 μ 的差的绝对值不超过0.2,问至少要测量多少次?(提示:用中心极限定理)

解 (1) 由 $E(X_k)=\mu$,得 $E(\overline{X})=\frac{1}{n}\sum_{k=1}^{n}E(X_k)=\mu$ 是无偏估计量.

(2) 由于 $P(|\overline{X}-\mu|\leqslant 0.2)=P\left(\left|\frac{\overline{X}-\mu}{\sigma/\sqrt{n}}\right|\leqslant\frac{0.2}{\sigma/\sqrt{n}}\right)$

$$\approx 2\Phi(0.2\sqrt{n})-1\geqslant 0.95,$$

$\Phi(0.2\sqrt{n})\geqslant 0.975$, $0.2\sqrt{n}\geqslant 1.97$, $n>9.85^2=97$, 因此至少要测量97次.

15. 设总体 $X\sim N(\mu, 10^2)$,要使 μ 的置信水平为0.95的置信区间的长度不大于5,样本容量 n 最小应为多少?

解 由题意知,均值 μ 的置信区间为 $\left(\overline{X}-z_{\frac{\alpha}{2}}\frac{\sigma}{\sqrt{n}}, \overline{X}+z_{\frac{\alpha}{2}}\frac{\sigma}{\sqrt{n}}\right)$,

置信区间的长度 $l=2z_{0.025}\frac{10}{\sqrt{n}}\leqslant 5$, $z_{0.025}=1.96$, 因为置信区间的长度不大于5,

则有 $n\geqslant(4\times 1.96)^2=[61.47]$,样本容量 $n=62$.

16. 设总体 $X\sim N(\mu, 1.25^2)$,问需要抽取容量为多大的样本,才能使 μ 的置信水平为0.95的置信区间的长度不大于0.49?

解 由题意知,均值 μ 的置信区间为 $\left(\overline{X}-z_{\frac{\alpha}{2}}\frac{\sigma}{\sqrt{n}}, \overline{X}+z_{\frac{\alpha}{2}}\frac{\sigma}{\sqrt{n}}\right)$,

置信区间的长度 $l=\frac{2\sigma}{\sqrt{n}}z_{\frac{\alpha}{2}}=\frac{2\times 1.25}{\sqrt{n}}\times 1.96\leqslant 0.49$,从而 $n\geqslant 100$.

因此样本容量至少是100.

17. 对方差 σ^2 为已知的正态分布来说,问需要抽取容量为多大的样本,可使

总体均值 μ 的置信水平为 0.95 的置信区间的长度不大于 L？

解 由题意知，均值 μ 的置信区间为 $\left(\bar{X}-z_{\frac{\alpha}{2}}\frac{\sigma}{\sqrt{n}}, \bar{X}+z_{\frac{\alpha}{2}}\frac{\sigma}{\sqrt{n}}\right)$，

置信区间的长度 $2z_{0.025}\frac{\sigma}{\sqrt{n}}\leqslant L$，故样本容量

$$n\geqslant\left(\frac{2\sigma z_{0.025}}{L}\right)^2=\left(\frac{2\times1.96\sigma}{L}\right)^2=\left(3.92\frac{\sigma}{L}\right)^2.$$

18. 已知样本值为

$$3.3\quad -0.3\quad -0.6\quad -0.9$$

求具有 $\sigma=3$ 的正态分布的均值 μ 的置信区间. 若 σ 未知，则均值的置信区间为何？$(\alpha=0.05)$

解 因为 $n=4$，$\bar{x}=0.375$，$s^2=3.862$，$z_{0.025}=1.96$，$t_{0.025}(3)=3.1824$，$\sigma=3$.

由题意知，当 $\sigma=3$ 时，均值 μ 的置信区间为 $\left(\bar{x}-z_{\frac{\alpha}{2}}\frac{\sigma}{\sqrt{n}}, \bar{x}+z_{\frac{\alpha}{2}}\frac{\sigma}{\sqrt{n}}\right)$，

所得均值 μ 的置信区间为

$$\left(0.375-1.96\frac{3}{2}, 0.375+1.96\frac{3}{2}\right)=(-2.565, 3.315).$$

当 σ^2 未知时，均值 μ 的置信区间为

$$\left(\bar{x}-t_{\frac{\alpha}{2}}(n-1)\frac{s}{\sqrt{n}}, \bar{x}+t_{\frac{\alpha}{2}}(n-1)\frac{s}{\sqrt{n}}\right).$$

所得均值 μ 的置信区间为

$$\left(0.375-3.1824\frac{1.965}{2}, 0.375+3.1824\frac{1.965}{2}\right)=(-2.752, 3.502).$$

19. 为了在一条装备线上对某项试验确定一个标准的操作时间. 现抽取了 16 名工人从事该项试验，结果发现平均操作时间为 $\bar{x}=13\text{ min}$，标准差为 $s=3\text{ min}$. 假定操作时间服从正态分布，试以 95% 的把握确定真正平均操作时间所处的

范围.

解 设操作的时间为随机变量 $X \sim N(\mu, \sigma^2)$.

当 σ^2 未知时,均值 μ 的置信区间为 $\left[\bar{x} - t_{\frac{\alpha}{2}}(n-1)\frac{s}{\sqrt{n}}, \bar{x} + t_{\frac{\alpha}{2}}(n-1)\frac{s}{\sqrt{n}}\right]$.

因为 $\bar{x} = 13$, $s = 3$, $\frac{\alpha}{2} = 0.025$, $t_{0.025}(15) = 2.131\,5$.

所得均值 μ 的置信区间为

$$\left(13 - 2.131\,5\,\frac{3}{4}, 13 + 2.131\,5\,\frac{3}{4}\right) = (11.4, 14.6).$$

20. 测量铝的比重16次,得 $\bar{x} = 2.705$, $s = 0.029$,试求铝的比重均值以及 μ 的置信区间(设16次测量结果可以看作一个正态总体样本,$\alpha = 0.05$).

解 μ 的置信水平为0.95的置信区间为

$$\left[\bar{x} \pm \frac{s}{\sqrt{n}} t_{\frac{\alpha}{2}}(n-1)\right] = \left[2.705 \pm \frac{0.029}{\sqrt{16}} \times 2.131\,5\right], \text{即}(2.69, 2.72).$$

21. 某车间生产的螺杆直径 $X \sim N(\mu, \sigma^2)$,今随机抽取5只,测得直径(单位:mm)为

22.5　21.5　22　21.8　21.4

(1) 已知 $\sigma = 0.3$,求 μ 的置信区间;

(2) σ 未知,求 μ 的置信区间.($\alpha = 0.05$)

解 由题意知,$n = 5$, $\bar{x} = \frac{1}{5}\sum_{i=1}^{5} x_i = 21.84$, $\alpha = 1 - 0.95 = 0.05$.

(1) $\sigma = 0.3$,查表得 $z_{\frac{\alpha}{2}} = z_{0.025} = 1.96$,所以 μ 的置信水平为0.95的置信区间为 $\left[\bar{x} \pm \frac{\sigma}{\sqrt{n}} z_{\frac{\alpha}{2}}\right] = \left[21.84 \pm \frac{0.3}{\sqrt{5}} \times 1.96\right]$,即(21.58, 22.1).

(2) $s^2 = 0.193 = 0.439\,32^2$,查表得 $t_{\frac{\alpha}{2}}(n-1) = t_{0.025}(4) = 2.776\,4$,所以 μ 的置信水平为0.95的置信区间为

$$\left[\bar{x} \pm \frac{s}{\sqrt{n}} t_{\frac{\alpha}{2}}(n-1)\right] = \left[21.84 \pm \frac{0.439\,3}{\sqrt{5}} \times 2.776\,4\right] = (21.84 \pm 0.545\,2),$$

即(21.29, 22.39).

22. 对某种型号飞机的飞行速度进行 15 次独立试验,测得飞机的最大飞行速度(单位: m/s)如下:

422.2 418.7 425.6 420.3 425.8 423.1 431.5 428.2
434.0 412.3 417.2 413.5 441.3 423.7 438.3

根据长期的经验,可以认为最大飞行速度 $X \sim N(\mu, \sigma^2)$. 试求最大飞行速度的均值和方差的置信区间. ($\alpha = 0.05$)

解 因为 σ^2 未知,则均值 μ 的置信区间形式为

$$\left(\bar{x} - t_{\frac{\alpha}{2}}(n-1)\frac{s}{\sqrt{n}},\ \bar{x} + t_{\frac{\alpha}{2}}(n-1)\frac{s}{\sqrt{n}}\right).$$

由样本值算得 $\bar{x} = 425$, $s = 8.488$,查表得 $t_{\frac{0.05}{2}}(14) = 2.1448$.

于是得最大飞行速度的置信度为 0.95 的均值 μ 的置信区间为(420.4, 429.7).

方差 σ^2 的置信区间 $\left(\dfrac{(n-1)s^2}{\chi^2_{\frac{\alpha}{2}}(n-1)}, \dfrac{(n-1)s^2}{\chi^2_{1-\frac{\alpha}{2}}(n-1)}\right)$,查表得 $\chi^2_{0.025}(14) = 26.119$,

$\chi^2_{0.975}(14) = 5.629$,

$$\left(\frac{14 \times 72.312}{26.119}, \frac{14 \times 72.312}{5.629}\right) = (38.76, 179.8).$$

23. 为了估计灯泡使用时数的均值 μ 及标准差 σ,测试 10 个灯泡,得 $\bar{x} = 1\,500$ h, $s = 20$ h. 如果已知灯泡使用时数服从正态分布,求 μ 及 σ 的置信水平为 0.95 的置信区间.

解 因为 σ^2 未知,则均值的置信区间形式为

$$\left(\bar{x} - t_{\frac{\alpha}{2}}(n-1)\frac{s}{\sqrt{n}},\ \bar{x} + t_{\frac{\alpha}{2}}(n-1)\frac{s}{\sqrt{n}}\right).$$

已知 $\bar{x} = 1\,500$, $s = 20$, $n = 10$,查表得 $t_{0.025}(9) = 2.2622$,

μ 置信水平为 0.95 的置信区间为(1 485.7, 1 514.3),

σ^2 置信水平为 0.95 的置信区间为 $\left(\dfrac{(n-1)s^2}{\chi^2_{\frac{\alpha}{2}}(n-1)}, \dfrac{(n-1)s^2}{\chi^2_{1-\frac{\alpha}{2}}(n-1)}\right)$,

即 $$\left(\frac{9\times 400}{19.023}, \frac{9\times 400}{2.7}\right)=(189.245, 1\,333.333).$$

σ 置信水平为 0.95 的置信区间为

$$\left(\sqrt{\frac{(n-1)s^2}{\chi^2_{\frac{\alpha}{2}}(n-1)}}, \sqrt{\frac{(n-1)s^2}{\chi^2_{1-\frac{\alpha}{2}}(n-1)}}\right)=(13.8, 36.5).$$

24. 从正态总体中抽取容量为 5 的样本,其观测值为

$$1.86 \quad 3.22 \quad 1.46 \quad 4.01 \quad 2.64$$

试求正态总体方差 σ^2 及标准差 σ 的置信区间. ($\alpha=0.05$)

解 总体方差 σ^2 的 0.95 置信区间为

$$\left(\frac{(n-1)s^2}{\chi^2_{\frac{\alpha}{2}}(n-1)}, \frac{(n-1)s^2}{\chi^2_{1-\frac{\alpha}{2}}(n-1)}\right)=\left(\frac{4\times 1.053\,52}{11.143}, \frac{4\times 1.053\,52}{0.484}\right),$$

即(0.38, 8.71).

总体标准差 σ 的 0.95 置信区间为

$$\left(\sqrt{\frac{(n-1)s^2}{\chi^2_{\frac{\alpha}{2}}(n-1)}}, \sqrt{\frac{(n-1)s^2}{\chi^2_{1-\frac{\alpha}{2}}(n-1)}}\right)=\left(\sqrt{\frac{4\times 1.053\,52}{11.143}}, \sqrt{\frac{4\times 1.053\,52}{0.484}}\right),$$

即(0.62, 2.95).

25. 投资的年回报率的方差常常用来衡量投资的风险,随机地调查 26 个年回报率(%).得样本标准差 $s=0.15$,设年回报率服从正态分布,求它的 σ^2 的置信水平为 0.95 的置信区间.

解 σ^2 的置信区间为 $\left(\frac{(n-1)s^2}{\chi^2_{\frac{\alpha}{2}}(n-1)}, \frac{(n-1)s^2}{\chi^2_{1-\frac{\alpha}{2}}(n-1)}\right)$, $n-1=25$, $\alpha=0.05$,

$\chi^2_{0.025}(25)=40.646$, $\chi^2_{0.975}(25)=13.12$, 所以

$$\left(\frac{25\times 0.15^2}{40.646}, \frac{25\times 0.15^2}{13.12}\right)=(0.013\,8, 0.042\,9).$$

7.4 同步练习题及答案

一、填空题

1. 设总体 $X\sim N(\mu,\sigma^2)$,其中 σ^2 已知,$\bar{x}$为容量为 n 的样本均值,则 μ 的置信度为 $1-\alpha$ 的置信区间为__________.

2. 设总体 $X\sim N(\mu,\sigma^2)$,其中 σ^2 未知,$\bar{x}$为容量为 n 的样本均值,则 μ 的置信度为 $1-\alpha$ 的置信区间为__________.

3. 设由来自正态总体 $X\sim N(\mu,0.9^2)$,容量为 9 的简单随机样本计算得样本均值 $\bar{x}=5$,则未知参数 μ 的 $\alpha=0.05$ 的置信区间是__________.

4. 设一批零件的长度服从正态分布 $X\sim N(\mu,\sigma^2)$,其中 μ, σ^2 未知,从中抽取 16 个零件,测得样本均值 $\bar{x}=20$ cm,样本标准差 $s=1$ cm,则 μ 的置信度为 90% 的置信区间为__________.

5. 设总体 $X\sim N(\mu,\sigma^2)$,其中 σ^2 未知,$\bar{x}$为容量为 n 的样本均值,则 σ^2 的置信度为 $1-\alpha$ 的置信区间为__________.

6. 设总体 $X\sim N(\mu,\sigma^2)$, μ, σ^2 均为未知参数,$X_1, X_2, \cdots, X_n$ 为总体 X 样本,则 μ 的置信水平为 $1-\alpha$ 的置信区间长度为__________.

7. 设总体 $X\sim N(\mu,4)$, X_1, X_2, X_3 是 X 的一个样本,未知参数 μ 有两个无偏估计量 $\hat{\mu}_1$, $\hat{\mu}_2$,其中 $\hat{\mu}_1=\frac{1}{3}(X_1+X_2+X_3)$, $\hat{\mu}_2=\frac{1}{5}(X_1+3X_2+X_3)$,二者中最有效的估计量为__________.

8. 设 $X_1, X_2, \cdots, X_n$ 是来自总体 X 的一个样本,又设 $EX=\mu$, $DX=\sigma^2$,则总体均值 μ 的无偏估计为________,总体方差 σ^2 的无偏估计为________.

二、计算题

1. 设总体 X 具有分布律

X	1	2	3
p_k	θ^2	$2\theta(1-\theta)$	$(1-\theta)^2$

其中 $\theta\ (0<\theta<1)$ 为未知参数,现抽得样本值 $x_1=1$, $x_2=2$, $x_3=3$,求 θ 的矩估计值.

2. 设 $X_1, X_2, \cdots, X_n$ 是泊松总体 $X\sim\pi(\lambda)$ 的样本,k 为常数,判断下列统计量中哪些是参数 λ 的无偏估计量.

$$\overline{X}=\frac{1}{n}\sum_{i=1}^{n}X_i,\quad S^2=\frac{1}{n-1}\sum_{i=1}^{n}(X_i-\overline{X})^2,\quad k\overline{X}+(1-k)S^2.$$

3. 设 $X_1, X_2, \cdots, X_m$ 为来自二项分布总体 $X\sim B(n, p)$ 的简单随机样本，$\overline{X}$ 和 S^2 分别为样本均值和样本方差. 若 $\overline{X}+kS^2$ 为 np^2 的无偏估计量，求常数 k.

4. 设总体 X 的概率密度为 $f(x)=\begin{cases}\dfrac{6x}{\theta^3}(\theta-x), & 0<x<\theta,\\ 0, & 其他,\end{cases}$ $X_1, X_2, \cdots, X_n$ 是取自总体 X 的简单随机样本. 求(1) θ 的矩估计量 $\hat{\theta}$；(2) $\hat{\theta}$ 的方差 $D(\hat{\theta})$.

5. 设 $X_1, X_2, \cdots, X_n$ 是 X 的样本，总体 X 的密度函数为

$f(x, \theta)=\begin{cases}\dfrac{1}{\theta}e^{-\frac{x}{\theta}}, & x>0,\\ 0, & x\leqslant 0,\end{cases}$ 其中 $\theta>0$，求未知参数 θ 的最大似然估计量 $\hat{\theta}$，判断 $\hat{\theta}$ 是否为 θ 的无偏估计量？并说明理由. 今随机抽取 5 只，测得寿命如下：1 150，1 190，1 310，1 380，1 420，求未知参数 θ 的最大似然估计值.

6. 设 $X_1, X_2, \cdots, X_n$ 是 X 的样本，总体 X 的密度函数为

$f(x, \theta)=\begin{cases}\dfrac{1}{\theta}x^{-\frac{1-\theta}{\theta}}, & 0<x<1,\\ 0, & 其他,\end{cases}$ 其中 $\theta>0$. (1) 求未知参数 θ 的最大似然估计量 $\hat{\theta}$；(2) 判断 $\hat{\theta}$ 是否是 θ 的无偏估计量.

7. 设 $X_1, X_2, \cdots, X_n$ 是 X 的样本，总体 X 的密度函数为

$f(x, \theta)=\begin{cases}\theta x^{\theta-1}, & 0<x<1,\\ 0, & 其他,\end{cases}$ 其中 $\theta>0$，求未知参数 θ 的最大似然估计量 $\hat{\theta}$，判断 $\dfrac{1}{\hat{\theta}}$ 是否为 $\dfrac{1}{\theta}$ 的无偏估计量？

8. 设 $X_1, X_2, \cdots, X_n$ 是 X 的样本，总体 X 的密度函数为

$f(x, \theta)=\begin{cases}\dfrac{2x}{\theta}e^{-\frac{x^2}{\theta}}, & x>0,\\ 0, & x\leqslant 0,\end{cases}$ 其中 $\theta>0$. (1) 求未知参数 θ 的最大似然估计量 $\hat{\theta}$；(2) 判断 $\hat{\theta}$ 是否为 θ 的无偏估计量？

9. 设 $X\sim\pi(\lambda)$，$X_1, X_2, \cdots, X_n$ 为总体 X 样本，求未知参数 λ 的矩估计量和最大似然估计量，并回答是否为无偏估计量？

10. 生产一个零件所需时间(单位：s) $X\sim N(\mu, \sigma^2)$，观察 25 个零件的生产时间，得 $\bar{x}=5.5$，$s=1.73$，试以 0.95 的可靠性求 μ 的置信区间.

11. 设总体 $X \sim N(\mu, 0.01^2)$，现取得样本容量为 $n=16$，算得样本均值为 $\bar{x}=2.125$，试求总体均值 μ 的置信度为 $\alpha=0.1$ 的置信区间.

12. 某厂用自动包装机包装大米，每包大米的重量 $X \sim N(\mu, \sigma^2)$，现从包装好的大米中随机抽取 9 袋，测得每袋的平均重量 $\bar{x}=100$，样本方差 $s^2=0.09$，求每袋大米平均重量 μ 的置信区间. $(\alpha=0.05.)$

13. 生产一个零件所需时间（单位：s）$X \sim N(\mu, \sigma^2)$，观察 25 个零件的生产时间，得 $\bar{x}=5.5$，$s=1.73$，试以 0.95 的可靠性求 μ 和 σ^2 的置信区间.

答　案

一、填空题

1. $\left(\bar{x}-z_{\frac{\alpha}{2}} \dfrac{\sigma}{\sqrt{n}}, \bar{x}+z_{\frac{\alpha}{2}} \dfrac{\sigma}{\sqrt{n}}\right)$.　**2.** $\left(\bar{x}-t_{\frac{\alpha}{2}}(n-1) \dfrac{s}{\sqrt{n}}, \bar{x}+t_{\frac{\alpha}{2}}(n-1) \dfrac{s}{\sqrt{n}}\right)$.

3. $\left(\bar{x}-\dfrac{\sigma}{\sqrt{n}} z_{\frac{\alpha}{2}}, \bar{x}+\dfrac{\sigma}{\sqrt{n}} z_{\frac{\alpha}{2}}\right)=(5-0.3 \times 1.96, 5+0.3 \times 1.96)=(4.412, 5.588)$.

4. $\left(20-\dfrac{1}{4} t_{0.05}(15), 20+\dfrac{1}{4} t_{0.05}(15)\right)$.　**5.** $\left(\dfrac{(n-1) S^2}{\chi_{\frac{\alpha}{2}}^2(n)}, \dfrac{(n-1) S^2}{\chi_{1-\frac{\alpha}{2}}^2(n)}\right)$.

6. $\dfrac{2S}{\sqrt{n}} t_{\frac{\alpha}{2}}(n-1)$.　**7.** $\hat{\mu}_1$.　**8.** $\hat{\mu}=\bar{x}, \hat{\sigma}^2=s^2$.

二、计算题

1. 解　$EX=\theta^2+4\theta(1-\theta)+3(1-\theta)^2=3-2\theta$, $EX=\bar{x}=2$, $3-2\theta=2$, 得参数 θ 的矩估计值 $\hat{\theta}=\dfrac{1}{2}$.

2. 解　$E(\bar{X})=EX=\lambda$, $E(S^2)=DX=\lambda$,

$$E(k\bar{X}+(1-k)S^2)=kE(\bar{X})+(1-k)E(S^2)=k\lambda+(1-k)\lambda=\lambda,$$

所以 $\bar{X}$, S^2, $k\bar{X}+(1-k)S^2$ 都是参数 λ 的无偏估计量.

3. 解　因为 $X \sim B(n, p)$，于是 $EX=np$, $DX=np(1-p)$.

$$E\bar{X}=EX=np, \quad ES^2=DX=np(1-p);$$

又 $\bar{X}+kS^2$ 为 np^2 的无偏估计量，即 $E(\bar{X}+kS^2)=np+knp(1-p)=np^2$.

比较两边系数得 $k=-1$.

4. 解　(1) $EX=\int_{-\infty}^{+\infty} x f(x) \mathrm{d} x=\dfrac{6}{\theta^3} \int_0^\theta x^2(\theta-x) \mathrm{d} x=\dfrac{6}{\theta^3} x^3\left(\dfrac{\theta}{3}-\dfrac{1}{4} x\right)\Big|_0^\theta=\dfrac{\theta}{2}$,

记 $\bar{X}=\frac{1}{n}\sum_{i=1}^{n}X_i$，令 $\frac{\theta}{2}=\bar{X}$，得 $\theta=2\bar{X}$，所以得 θ 的矩估计量为 $\hat{\theta}=\frac{2}{n}\sum_{i=1}^{n}X_i$.

(2) 由于 $E(X^2)=\int_{-\infty}^{+\infty}x^2f(x)\mathrm{d}x=\frac{6}{\theta^3}\int_0^{\theta}x^3(\theta-x)\mathrm{d}x=\frac{6}{\theta^3}x^4\left(\frac{\theta}{4}-\frac{1}{5}x\right)\Big|_0^{\theta}=\frac{6\theta^2}{20}$,

$$DX=E(X^2)-(EX)^2=\frac{6\theta^2}{20}-\left(\frac{\theta}{2}\right)^2=\frac{\theta^2}{20},$$

因此 $\hat{\theta}=\frac{2}{n}\sum_{i=1}^{n}X_i$ 的方差为 $D(\hat{\theta})=D(2\bar{X})=4D(\bar{X})=\frac{4}{n}DX=\frac{\theta^2}{5n}$.

5. 解 似然函数为 $L(\theta)=\frac{1}{\theta^n}\mathrm{e}^{-\frac{1}{\theta}\sum_{k=1}^{n}x_k}$，$x_k>0$,

取对数为 $\ln L(\theta)=-n\ln\theta-\frac{1}{\theta}\sum_{k=1}^{n}x_k$.

令 $\frac{\mathrm{d}\ln L}{\mathrm{d}\theta}=\frac{-n}{\theta}+\frac{1}{\theta^2}\sum_{k=1}^{n}x_k=0$，$\theta$ 的最大似然估计量 $\hat{\theta}=\frac{1}{n}\sum_{k=1}^{n}X_k=\bar{X}$. $E(\hat{\theta})=E(\bar{X})=\mu=\theta$. $\hat{\theta}$ 为 θ 的无偏估计量. θ 的最大似然估计值为

$$\hat{\theta}=\frac{1}{n}\sum_{k=1}^{n}x_k=\bar{x}=1\,100+\frac{1}{5}(50+90+210+280+320)=1\,290.$$

6. 解 似然函数为 $L(\theta)=\frac{1}{\theta^n}\prod_{k=1}^{n}x_k^{\frac{1-\theta}{\theta}}$，$x_k>0$,

取对数为 $\ln L(\theta)=-n\ln\theta+\frac{1-\theta}{\theta}\ln\left(\prod_{k=1}^{n}x_k\right)$,

似然方程为 $\frac{\mathrm{d}\ln L}{\mathrm{d}\theta}=-\frac{n}{\theta}-\frac{1}{\theta^2}\ln\left(\prod_{k=1}^{n}x_k\right)=0$，$\theta$ 的最大似然估计量 $\hat{\theta}=-\frac{1}{n}\sum_{i=1}^{n}\ln X_k$.

(2) $E(\ln X)=\int_{0^+}^{1}\ln x\frac{1}{\theta}x^{\frac{1-\theta}{\theta}}\mathrm{d}x=\frac{1}{\theta}\int_{0^+}^{1}\ln x\cdot x^{\frac{1}{\theta}-1}\mathrm{d}x=\int_{0^+}^{1}\ln x\mathrm{d}x^{\frac{1}{\theta}}=-\int_{0^+}^{1}x^{\frac{1}{\theta}-1}\mathrm{d}x=-\theta$,

$E(\hat{\theta})=-\frac{1}{n}\sum_{k=1}^{n}E(\ln X_k)=\theta$，所以 $\hat{\theta}$ 是 θ 的无偏估计.

7. 解 似然函数为 $L(\theta)=\theta^n(x_1,x_2,\cdots,x_n)^{\theta-1}$，$0<x_k<1$,

取对数为 $\ln L(\theta)=n\ln\theta+(\theta-1)\sum_{k=1}^{n}\ln x_k$.

令 $\frac{\mathrm{d}\ln L}{\mathrm{d}\theta}=\frac{n}{\theta}+\sum_{k=1}^{n}\ln x_k=0$，$\theta$ 的最大似然估计量 $\hat{\theta}=\frac{-1}{\frac{1}{n}\sum_{k=1}^{n}\ln X_k}$.

因为 $E(-\ln X)=-\theta\int_{0^+}^{1}\ln x x^{\theta-1}\mathrm{d}x=-\int_{0^+}^{1}\ln x\mathrm{d}x^{\theta}=\int_{0^+}^{1}x^{\theta-1}\mathrm{d}x=\frac{1}{\theta}$,

则 $E\left(\frac{1}{\hat{\theta}}\right)=\frac{1}{n}\sum_{k=1}^{n}E(-\ln X_k)=\frac{1}{n}\sum_{k=1}^{n}\frac{1}{\theta}=\frac{1}{\theta}$.

$\frac{1}{\hat{\theta}}$是为$\frac{1}{\theta}$的是无偏估计量.

8. 解 设似然函数为 $L(\theta)=\frac{2^n}{\theta^n}\left(\prod_{k=1}^{n}x_k\right)e^{-\frac{1}{\theta}\sum_{k=1}^{n}x_k^2}$，$x_k>0$，

$\ln L(\theta)=n\ln 2-n\ln\theta-\frac{1}{\theta}\sum_{k=1}^{n}x_k^2+\ln\left(\prod_{k=1}^{n}x_k\right)$.

令 $\frac{d\ln L}{d\theta}=\frac{-n}{\theta}+\frac{1}{\theta^2}\sum_{k=1}^{n}x_k^2=0$，$\theta$的最大似然估计量 $\hat{\theta}=\frac{1}{n}\sum_{i=1}^{n}X_k^2$.

(2) 由于 $E(\hat{\theta})=\frac{1}{n}\sum_{k=1}^{n}E(x_k^2)=E(X^2)=\frac{2}{\theta}\int_0^{+\infty}x^3e^{-\frac{x^2}{\theta}}dx=\theta$.

$\hat{\theta}=\frac{1}{n}\sum_{i=1}^{n}X_k^2$ 为θ的无偏估计量.

9. 解 设 $x_1, x_2, \cdots, x_n$ 为样本值，$P(X_k=x_k)=\frac{\lambda^{x_k}e^{-\lambda}}{x_k!}$，$k=1, 2, \cdots, n$.

$EX=\lambda$，由$\bar{X}=EX=\lambda$，得矩估计量 $\hat{\lambda}=\bar{X}$，所以$\bar{X}$是λ的无偏估计量.

设似然函数为 $L(\lambda)=\frac{\lambda_k^{\sum_{k=1}^{n}x_k}e^{-n\lambda}}{\prod_{k=1}^{n}x_k!}$，$\ln L(\lambda)=\left(\sum_{k=1}^{n}x_k\right)\ln\lambda-n\lambda-\sum_{k=1}^{n}\ln(x_k!)$.

令 $\frac{d\ln L}{d\lambda}=\frac{\sum_{k=1}^{n}x_k}{\lambda}-n=0$，$\frac{\sum_{k=1}^{n}x_k}{\lambda}=n$，

λ的最大似然估计量 $\hat{\lambda}=\frac{1}{n}\sum_{k=1}^{n}X_k=\bar{X}$，

λ的最大似然估计量 $\hat{\lambda}=\bar{X}=EX$，$\bar{X}$是λ的无偏估计量.

10. 解 μ的置信区间为 $\left(\bar{x}-t_{0.025}(24)\frac{s}{\sqrt{n}}, \bar{x}+t_{0.025}(24)\frac{s}{\sqrt{n}}\right)$，其中 $\bar{x}=5.5$，$t_{0.025}(24)=2.0639$，$s=1.73$，$n=25$.

所以μ的置信度 0.95 的置信区间为

$$\left(5.5-2.0639\times\frac{1.73}{5}, 5.5+2.0639\times\frac{1.73}{5}\right)=(4.7858, 6.2141).$$

11. 解 由题意可知，总体均值μ的置信水平为α的置信区间为 $\left(\bar{x}-z_{\frac{\alpha}{2}}\frac{\sigma}{\sqrt{n}}, \bar{x}+z_{\frac{\alpha}{2}}\frac{\sigma}{\sqrt{n}}\right)$，

代入算得(2.121，2.129).

12. 解 由题意知,所求置信区间为$\left(\bar{x}-t_{\frac{\alpha}{2}}(n-1)\frac{s}{\sqrt{n}},\ \bar{x}+t_{\frac{\alpha}{2}}(n-1)\frac{s}{\sqrt{n}}\right)$,

得每袋大米平均重量μ的置信度为$\alpha=0.05$的置信区间(99.77，100.23).

13. 解 $n=25$，μ的置信区间$\left(\bar{x}-t_{\frac{\alpha}{2}}(n-1)\frac{s}{\sqrt{n}},\ \bar{x}+t_{\frac{\alpha}{2}}(n-1)\frac{s}{\sqrt{n}}\right)$,

即
$$\left(5.5-2.0639\times\frac{1.73}{5},\ 5.5+2.0639\times\frac{1.73}{5}\right)=(4.786,\ 6.214).$$

σ^2 的置信区间

$$\left(\frac{(n-1)s^2}{\chi^2_{0.025}(24)},\ \frac{(n-1)s^2}{\chi^2_{0.975}(24)}\right)=\left(\frac{24\times1.73^2}{39.364},\frac{24\times1.73^2}{12.401}\right)=(1.825,\ 5.792).$$

第8章 假设检验

8.1 内容概要问答

1. 假设检验的基本思想是什么？

答 先把一些结论作为某种假设；针对这种假设利用一个实际观测的样本，通过一定的程序检验这个假设是否合理，从而决定接受或否定假设. 假设检验的推断原理是小概率事件在一次试验中是不应该发生的，即小概率事件的实际不可能原理.

2. 一个正态总体参数假设检验的意义是什么？

答 一个正态分布有两个参数，这两个参数确定以后一个正态分布 $X \sim N(\mu, \sigma^2)$ 就完全确定了. 因此关于正态分布参数的检验问题就化成检验这两个参数问题.

3. 均值 μ 的检验步骤是什么？

答 Ⅰ. 总体方差 σ^2 已知的条件下，利用标准正态分布检验正态总体均值 μ 的步骤如下：

(1) 根据问题实际提出假设 $H_0: \mu = \mu_0$, $H_1: \mu \neq \mu_0$；

(2) 选取统计量 $Z = \dfrac{\bar{X} - \mu_0}{\sqrt{\dfrac{\sigma^2}{n}}} \sim N(0, 1)$；

(3) 由给定的置信水平 α 和样本值计算出统计量 Z 的值 Z_0，查标准正态分布表确定 $z_{\frac{\alpha}{2}}$ 的值；

(4) 作出判断，若 $|Z_0| \geqslant z_{\frac{\alpha}{2}}$，否定 H_0；若 $|Z_0| < z_{\frac{\alpha}{2}}$，接受 H_0.

Ⅱ. 总体方差 σ^2 未知的条件下，检验正态总体均值 μ 的步骤如下：

(1) 根据问题实际提出假设 $H_0: \mu = \mu_0$, $H_1: \mu \neq \mu_0$；

(2) 选取统计量 $T = \dfrac{\bar{X} - \mu_0}{\sqrt{\dfrac{S^2}{n}}} \sim t(n-1)$；

(3) 由给定的置信水平 α 和样本值计算出统计量 T 的值 T_0，查标 t 分布表确定 $t_{\frac{\alpha}{2}}(n-1)$的值；

(4) 作出判断，若 $|T_0| \geqslant t_{\frac{\alpha}{2}}(n-1)$，否定 H_0；若 $|T_0| < t_{\frac{\alpha}{2}}(n-1)$，接受 H_0.

4. 方差 σ^2 的检验步骤是什么？

答 利用χ^2 分布检验正态总体方差 σ^2 的步骤如下：

(1) 根据问题实际提出假设 $H_0: \sigma^2 = \sigma_0^2$, $H_1: \sigma^2 \neq \sigma_0^2$；

(2) 选取统计量 $\chi^2 = \dfrac{(n-1)S^2}{\sigma^2} \sim \chi^2(n-1)$；

(3) 由给定的 α 和样本值计算出统计量χ^2 的值χ_0^2，查χ^2 分布表确定 $\chi^2_{1-\frac{\alpha}{2}}(n-1)$ 和$\chi^2_{\frac{\alpha}{2}}(n-1)$ 的值；

(4) 作出判断，若 $\chi_0^2 \leqslant \chi^2_{1-\frac{\alpha}{2}}(n-1)$ 或$\chi_0^2 \geqslant \chi^2_{\frac{\alpha}{2}}(n-1)$，则否定 H_0；

若 $\chi^2_{1-\frac{\alpha}{2}}(n-1) < \chi_0^2 < \chi^2_{\frac{\alpha}{2}}(n-1)$，则接受 H_0.

单个正态总体 $N(\mu, \sigma^2)$均值和方差的假设检验.

检验参数	条件	H_0	H_1	H_0 的拒绝域	选用统计量
数学期望 μ	σ^2 已知	$\mu = \mu_0$	$\mu \neq \mu_0$	$\lvert Z \rvert \geqslant Z_{\frac{\alpha}{2}}$	$Z = \dfrac{\bar{X} - \mu_0}{\frac{\sigma}{\sqrt{n}}} \sim N(0, 1)$
		$\mu \leqslant \mu_0$	$\mu > \mu_0$	$Z \geqslant Z_\alpha$	
		$\mu \geqslant \mu_0$	$\mu < \mu_0$	$Z \leqslant -Z_\alpha$	
	σ^2 未知	$\mu = \mu_0$	$\mu \neq \mu_0$	$\lvert t \rvert \geqslant t_{\frac{\alpha}{2}}(n-1)$	$t = \dfrac{\bar{X} - \mu_0}{\frac{S}{\sqrt{n}}} \sim t(n-1)$
		$\mu \leqslant \mu_0$	$\mu > \mu_0$	$t \geqslant t_\alpha(n-1)$	
		$\mu \geqslant \mu_0$	$\mu < \mu_0$	$t \leqslant -t_\alpha(n-1)$	
方差 σ^2	μ 已知	$\sigma^2 = \sigma_0^2$	$\sigma^2 \neq \sigma_0^2$	$\chi^2 \geqslant \chi^2_{\frac{\alpha}{2}}(n)$ 或$\chi^2 \leqslant \chi^2_{1-\frac{\alpha}{2}}(n)$	$\chi^2 = \dfrac{\sum_{i=1}^{n}(X_i - \mu)^2}{\sigma_0^2} \sim \chi^2(n)$
		$\sigma^2 \leqslant \sigma_0^2$	$\sigma^2 > \sigma_0^2$	$\chi^2 \geqslant \chi^2_\alpha(n)$	
		$\sigma^2 \geqslant \sigma_0^2$	$\sigma^2 < \sigma_0^2$	$\chi^2 \leqslant \chi^2_{1-\alpha}(n)$	
	μ 未知	$\sigma^2 = \sigma_0^2$	$\sigma^2 \neq \sigma_0^2$	$\chi^2 \geqslant \chi^2_{\frac{\alpha}{2}}(n-1)$ 或$\chi^2 \leqslant \chi^2_{1-\frac{\alpha}{2}}(n-1)$	$\chi^2 = \dfrac{(n-1)S^2}{\sigma_0^2} \sim \chi^2(n-1)$
		$\sigma^2 \leqslant \sigma_0^2$	$\sigma^2 > \sigma_0^2$	$\chi^2 \geqslant \chi^2_\alpha(n-1)$	
		$\sigma^2 \geqslant \sigma_0^2$	$\sigma^2 < \sigma_0^2$	$\chi^2 \leqslant \chi^2_{1-\alpha}(n-1)$	

8.2 基本要求及重点、难点提示

本章的基本要求：

(1) 了解假设检验的基本思想和原理，掌握假设检验的基本步骤，知道假设检验的两类错误.

(2) 掌握一个正态总体已知方差和未知方差的均值的假设检验的方法.

(3) 掌握一个正态总体方差的假设检验的方法.

(4) 了解一个正态总体均值与方差的单侧检验.

本章重点和难点 了解假设检验的基本概念与基本原理，了解单个正态总体的均值与方差的假设检验.

8.3 习题详解

1. 某食品厂一直生产一种罐头，其平均净重为 $\mu_0 = 450\,\text{g}$，标准差为 $\sigma_0 = 5\,\text{g}$. 后改进了包装工艺，有关技术人员认为，新工艺不会对标准差发生影响，但不知平均重量会不会改变，于是做抽样检验. 设由一个容量为 15 的样本测得每罐的平均净重为 $446\,\text{g}$，有无充分的证据判定这一样本均值与 μ_0 之间的差别是由新工艺造成的？[假定罐头重量 $X \sim N(\mu, \sigma^2)$，$\alpha = 0.05$]

解 提出假设 $H_0: \mu = 450$；$H_1: \mu \neq 450$. 已知 $n = 15$，$\sigma^2 = 5^2$，

选取统计量 $Z = \dfrac{\bar{X} - \mu_0}{\dfrac{\sigma}{\sqrt{n}}} \sim N(0, 1)$，

由样本算得统计量的值为

$$|Z_0| = \left|\frac{(446 - 450)}{5}\sqrt{15}\right| = 3.098 > z_{0.025} = 1.96,$$

有差别否定 H_0，可以判定这一样本均值与 μ_0 之间的差别是由新工艺造成的.

2. 5 名工作人员彼此独立地测量同一块土地，分别测得面积(单位：km^2)如下：

$$1.27 \quad 1.24 \quad 1.23 \quad 1.21 \quad 1.28$$

设测定值 $X \sim N(\mu, \sigma^2)$，则根据这些数据是否可以认为这块土地的实际面积为

1.23 km²?($\alpha=0.05$)

解 提出假设 $H_0: \mu=1.23$; $H_1: \mu \neq 1.23$. σ^2 未知,

选取统计量 $T=\dfrac{\bar{X}-\mu_0}{S}\sqrt{n} \sim t(n-1)$,

由样本算得 $\bar{x}=\dfrac{1}{5}\sum_{i=1}^{5} x_i=1.246$, $s=\dfrac{1}{4}\sqrt{\sum_{i=1}^{5}(x_i-\bar{x})^2}=0.0288^2$,

由样本算得统计量的值为

$$|T_0|=\left|\frac{(1.246-1.23)}{0.0288}\sqrt{5}\right|=1.242<t_{0.025}(4)=2.776,$$

则接受 H_0,即可认为这块土地面积为 1.23 km².

3. 某厂生产的灯泡标准寿命为 2 000 h,今从一批中随机抽取 20 只灯泡,得寿命的样本均值 $\bar{x}=1832$ h,标准差 $s=497$ h. 已知同批灯泡寿命 $X \sim N(\mu, \sigma^2)$,问该批灯泡的平均寿命是否符合标准?($\alpha=0.05$)

解 提出假设 $H_0: \mu=2000$; $H_1: \mu \neq 2000$. σ^2 未知,

选取统计量 $T=\dfrac{\bar{X}-\mu_0}{S}\sqrt{n} \sim t(n-1)$,

由样本算得统计量的值为

$$|T_0|=\left|\frac{1832-2000}{497}\sqrt{20}\right|=1.521<t_{0.025}(19)=2.093,$$

则接受 H_0,即可认为这批灯泡的平均寿命为 2 000 h.

4. 由过去的实验可知,某产品的某质量指标 $X \sim N(\mu, \sigma^2)$, $\sigma=7.5$. 现从这批产品中随机抽取 25 件,测得样本标准差 $s=6.5$,问产品质量的方差有无显著变化?($\alpha=0.01$)

解 提出假设 $H_0: \sigma^2=7.5^2$; $H_1: \sigma^2 \neq 7.5^2$. 已知 $n=25$, $s^2=6.5^2$,

选取统计量 $\chi^2=\dfrac{(n-1)S^2}{\sigma^2} \sim \chi^2(n-1)$,

由样本算得统计量的值为 $\chi_0^2=\dfrac{24 \times 6.5^2}{7.5^2}=18.03$,

查表得 $\chi^2_{\frac{\alpha}{2}}(24)=45.6$，$\chi^2_{1-\frac{\alpha}{2}}(24)=9.89$，

因为 $\chi^2_{1-\frac{\alpha}{2}}(24)<\chi^2_0<\chi^2_{\frac{\alpha}{2}}(24)$，则接受 H_0，产品质量的方差无显著变化.

5. 正常人的脉搏平均为 72 次/min，现某医生测得 10 例慢性四乙基铅中毒者的脉搏(次/min)如下：

54　67　78　70　66　67　70　65　69　68

问患者和正常人的脉搏有无显著差异? [可视患者的脉搏 $X\sim N(\mu,\sigma^2)$，$\alpha=0.05$]

解　提出假设 $H_0:\mu=72$；$H_1:\mu\neq\mu_0$.

选取统计量 $T=\dfrac{\bar{X}-\mu_0}{\dfrac{S}{\sqrt{n}}}\sim t(n-1)$，

由样本算得 $\bar{x}=67.4$，$s=5.93$，统计量 T 的值为

$$|T_0|=\left|\frac{67.4-72}{\dfrac{5.93}{\sqrt{9}}}\right|=2.327>t_{0.025}(8)=2.306,$$

从而拒绝 H_0，即有显著性差异.

6. 某批矿砂的 5 个样品中的镍含量(%)经测定为

3.25　3.27　3.24　3.265　3.24

设测定值 $X\sim N(\mu,\sigma^2)$，问在 $\alpha=0.01$ 下能否认为这批矿砂的镍含量均值为 3.25?

解　提出假设 $H_0:\mu=3.25$；$H_1:\mu\neq\mu_0$.

选取统计量 $T=\dfrac{\bar{X}-3.25}{\dfrac{S}{\sqrt{n}}}\sim t(n-1)$，

由样本算得 $\bar{x}=3.253$，$s=0.01396$，$n=5$，

统计量 T 的值为 $|T_0|=\dfrac{3.253-3.25}{\dfrac{0.01396}{\sqrt{5}}}=0.4804<t_{0.005}(4)=4.6041$，

从而接受假设 H_0.

7. 已知某炼铁厂在生产正常情况下,铁水含碳量的均值 $\mu=7$,方差 $\sigma^2=0.03$. 现在测量10炉铁水,测得其平均含碳量 $\bar{x}=6.97$,样本方差 $s^2=0.0375$. 设铁水含碳量 $X\sim N(\mu,\sigma^2)$,试问该厂生产是否正常?($\alpha=0.05$)

解 i. 提出假设 $H_0:\sigma^2=0.03$; $H_1:\sigma^2\neq 0.03$.

选取统计量 $\chi^2=\dfrac{n-1}{\sigma^2}S^2\sim\chi^2(n-1)$,

统计量的值 $\chi_0^2=\dfrac{9}{0.03}\times 0.0375=11.25$,

而 $\chi^2_{\frac{\alpha}{2}}(n-1)=\chi^2_{0.025}(10-1)=19.023$, $\chi^2_{1-\frac{\alpha}{2}}(n-1)=\chi^2_{0.975}(10-1)=2.7$,未在 H_0 的拒绝域内,接受 H_0.

ii. 提出假设 $H_0:\mu=\mu_0=7$; $H_1:\mu\neq\mu_0$.

选取检验统计量 $Z=\dfrac{\bar{X}-7}{\sqrt{\dfrac{\sigma^2}{n}}}\sim N(0,1)$,

统计量 Z 的值为 $Z_0=\dfrac{6.97-7}{\sqrt{\dfrac{0.03}{10}}}=-0.5477$, $|Z_0|=0.5477<z_{\frac{\alpha}{2}}=1.96$,未在 H_0 的拒绝域内,接受 H_0.

综上,该厂的生产是正常的.

8. 某物质的有效含量 $X\sim N(0.75,0.06^2)$,为了鉴别该物质库存两年后有效含量是否下降,检验了30个样品,得平均有效含量为 $\bar{x}=0.73$. 设库存两年后有效含量仍是正态分布,且方差不变,问库存两年后有效含量是否显著下降?($\alpha=0.05$)

解 提出假设 $H_0:\mu=0.75$; $H_1:\mu<0.75$.

选取统计量 $Z=\dfrac{\bar{X}-\mu_0}{\sigma}\sqrt{n}\sim N(0,1)$,

统计量的值 $Z_0=\dfrac{0.73-0.75}{0.06}\sqrt{30}=-1.826$,

$z_{\alpha} = z_{0.05} = 1.645$，因为 $Z_0 < -z_{0.05}$，

所以拒绝 H_0. 可以判定这药库存两年后有效含量是显著下降.

9. 成年男子的肺活量为随机变量 $X \sim N(\mu, \sigma^2)$，$\mu = 3\,750\,\mathrm{mL}$，选取 20 名成年男子参加某项体育锻炼一定时期后，测得他们的肺活量的平均值为 $\bar{x} = 3\,808\,\mathrm{mL}$. 设方差为 $\sigma^2 = 120^2$，试检验肺活量均值的提高是否显著？($\alpha = 0.02$)

解 提出假设 $H_0: \mu = 3\,750$；$H_1: \mu > 3\,750$.

选取统计量 $Z = \dfrac{\bar{X} - \mu_0}{\dfrac{\sigma}{\sqrt{n}}} \sim N(0, 1)$，

统计量的值为 $Z_0 = \dfrac{3\,808 - 3\,750}{120}\sqrt{20} = 2.161\,5$，$z_{\alpha} = z_{0.02} = 2.055$，

因为 $Z_0 > z_{0.02}$，所以拒绝 H_0，说明通过这种锻炼肺活量得到提高.

10. 某种心脏用药皆能适当提高病人的心率，对 16 名服药病人测定其心率（次/min）增加值为

8　7　10　3　15　11　9　10　11　13　6　9　8　12　0　4

设心率增加值 $X \sim N(\mu, \sigma^2)$，问心率增加量的均值是否符合该药的期望值 $\mu = 10$（次 /min）？($\alpha = 0.1$)

解 提出假设 $H_0: \mu = 10$；$H_1: \mu \neq 10$.

选取统计量 $T = \dfrac{\bar{X} - 10}{\dfrac{S}{\sqrt{n}}} \sim t(n-1)$，由样本算得

$$\bar{x} = \frac{1}{16}(8 + 7 + 10 + 3 + 15 + 11 + 9 + 10 + 11 + 13 + 6 + 9 + 8 + 12 + 4)$$

$$= \frac{136}{16} = 0.85,$$

$$s^2 = \frac{1}{15}[(8 - 8.5)^2 + (7 - 8.5)^2 + \cdots + (4 - 8.5)^2] = \frac{151.75}{15} = 10.117,$$

统计量的值为

$$T_0=\frac{8.5-10}{10.117}\times 4=-0.5931,\quad t_\alpha(n-1)=t_{0.1}(15)=1.3406,$$

所以 $T_0<t_\alpha(n-1)$，从而在显著性水平 $\alpha=0.1$ 条件下，接受假设 H_0.

11. 试取 $\alpha=0.05$，检验上题的假设 $H_0:\sigma^2=9$.

解 提出假设 $H_0:\sigma^2=9$; $H_1:\sigma^2\neq 9$.

选取统计量 $\chi^2=\frac{n-1}{\sigma^2}S^2\sim\chi^2(n-1)$，

统计量的值 $\chi_0^2=\frac{15}{9}\times 10.115=16.86$，$\chi_\alpha^2(n-1)=\chi_{0.05}^2(15)=24.996$，

$\chi_0^2<\chi_{0.05}^2(15)$，未在 H_0 的拒绝域内，接受 H_0.

8.4 同步练习题及答案

一、填空题

1. 单个正态总体均值的假设检验：$H_0:\mu=\mu_0$; $H_1:\mu\neq\mu_0$（σ^2 未知），检验的统计量为__________，拒绝域为__________.

2. 单个正态总体方差的假设检验：$H_0:\sigma^2=\sigma_0^2$; $H_1:\sigma^2\neq\sigma_0^2$（均值 μ 未知），检验的统计量为__________，拒绝域为__________.

3. 某类钢板的制造规格规定，钢板的重量的方差不得超过 0.016 kg^2. 由 25 块钢板组成的一个随机样本，其样本方差为 0.025 kg^2，则在显著水平 α 下，为检验钢板是否合格，用 χ^2 检验，拒绝域为________.

4. 在 H_0 成立的情况下，样本值落入了 W，因而 H_0 被拒绝，称这种错误为________.

5. 在 H_0 不成立的情况下，样本值落入了 W，因而 H_0 被接受，称这种错误为________.

二、计算题

1. 根据长期的经验，某工厂生产的特种金属丝的折断力（单位：kg）$X\sim N(\mu,\sigma^2)$，已知 $\sigma=8$ kg，现从该厂生产的一大批特种金属丝中随机抽取 9 个样本，测得样本均值 $\bar{x}=575.2$ kg.（1）能否认为这批特种金属丝的平均折断力大于 570 kg?（$\alpha=0.05$）;（2）求均值 μ 的置信水平为 0.95 的置信区间.

2. 某化工厂一天中生产的化学制品产量(单位：t) $X\sim N(\mu,\sigma^2)$，今测得 5 天的产量分别为 785，805，790，790，802. 问是否可以认为日产量的均值为 800? $(\alpha=0.05)$

3. 一台机器加工轴的平均椭圆度是 0.095 mm，机器经过调整后取 20 根轴测量其椭圆度，计算得样本均值 $\bar{x}=0.081$ mm，样本标准差 $s=0.025$ mm，问调整后机器加工轴的平均椭圆度有无明显降低. [这里假定加工轴的椭圆度 $X\sim N(\mu,\sigma^2)$，$\alpha=0.05$]

4. 灯泡厂为了检测灯泡的寿命，从生产的一批灯泡中随机抽取 25 只，测得平均寿命 $\bar{x}=1\,980$ h，样本方差 $s^2=3\,600$ h，假设灯泡的寿命 $X\sim N(\mu,\sigma^2)$. (1) 求总体方差 σ^2 的置信水平为 95%的置信区间；(2) 在显著水平 $\alpha=0.05$ 条件下能否认为这批灯泡的平均寿命为 2 000 h?

5. 某炼铁厂铁水中含碳量(单位：%) X 服从正态分布 $X\sim N(\mu,\sigma^2)$，现在对工艺进行了改造，从中抽取了 7 炉铁水样本，测量其含碳量. 已算得样本均值 $\bar{x}=4.36$，样本方差 $s^2=0.035\,1$，试问用新工艺练出的铁水含碳量的方差是否有明显改变?

6. 食品厂用自动装袋机装食品，规定每袋标准重量为 500 g，标准差不超过 8 g，每天定时检查机器情况，现抽取 25 袋，测得平均重量 $\bar{x}=502$ g，标准差 $s=8$ g，假定每袋重量 $X\sim N(\mu,\sigma^2)$，试问该机器工作是否正常? $(\alpha=0.05)$

7. 已知某炼铁厂在生产正常的情况下铁水含碳量的均值 $\mu_0=7$，方差 $\sigma_0^2=0.03$. 某天测量 10 炉铁水，测得样本均值为 $\bar{x}=6.97$，样本方差为 $s^2=0.037\,5$，假设这天的铁水含碳量 $X\sim N(\mu,\sigma^2)$，试问这天生产是否正常? $(\alpha=0.05)$

8. 从一个正态总体 $N(\mu,\sigma^2)$ 随机抽取 10 个样本值，算得 $\bar{x}=100.06$，$s^2=0.18$. 检验均值与规定的 $\mu=100$ 有无显著区别. $(\alpha=0.05)$

9. 设某班级某门课程的考试成绩 X，$X\sim N(\mu,\sigma^2)$. 现从中随机抽取 36 份试卷，算出平均成绩 $\bar{x}=66.5$ 分，样本方差为 $s^2=15^2$. 问在显著水平 $\alpha=0.05$ 下，是否可以认为全部试卷的平均成绩为 70 分?

10. 某台车床加工的一批轴的椭圆度服从正态分布，现随机抽取 20 根，测得样本方差为 $s^2=0.025^2$，问该批轴的椭圆度与规定的 $\sigma^2=0.02^2$ 有无显著区别? $(\alpha=0.05)$

11. 由过去的实验可知，某产品的某质量指标服从 $\sigma=7.5$ 正态分布，现从这批产品中随机抽取 25 件，测得样本标准差 $s=6.5$，问产品质量的方差有无显著变化? $(\alpha=0.05)$

12. 为改建某大学广场，建工系有5名学生彼此独立地测量了该广场的面积，得如下数据(单位：km^2)：1.23，1.22，1.20，1.26，1.23，设测量误差服从正态分布. 试检验($\alpha=0.05$)以前认为这块广场的面积是$\mu=1.23\ km^2$，是否有必要修改以前的结果？

答 案

一、填空题

1. $T=\dfrac{\bar{X}-\mu_0}{S}\sqrt{n}$，$|T|>t_{\frac{\alpha}{2}}(n-1)$.

2. $\chi^2=\dfrac{(n-1)S^2}{\sigma_0^2}$，$\chi^2<\chi^2_{1-\frac{\alpha}{2}}(n-1)$ 或 $\chi^2>\chi^2_{\frac{\alpha}{2}}(n-1)$.

3. $\chi^2>\chi^2_{\alpha}(24)$. **4.** 第一类错误(弃真). **5.** 第二类错误(取伪).

二、计算题

1. 解 $n=9$，$\alpha=0.05$，$\bar{x}=575.2$，$\sigma=8$.

(1) 提出假设 $H_0:\mu\leqslant 570$；$H_1:\mu>570$.

选择检验统计量 $Z=\dfrac{\bar{X}-\mu_0}{\dfrac{\sigma}{\sqrt{n}}}\sim N(0,1)$，拒绝域：$z>z_\alpha=z_{0.05}=1.645$，

统计量的值 $Z_0=\dfrac{575.2-570}{\dfrac{8}{\sqrt{9}}}=1.95>1.645$，

则不接受 H_0. 接受 H_1，可以认为平均值折断力大于570 kg.

(2) $\left(\bar{x}\pm z_{\frac{\alpha}{2}}\dfrac{\sigma}{\sqrt{n}}\right)=\left(575.2\pm1.96\times\dfrac{8}{3}\right)=(569.973,\ 580.427)$.

2. 解 $n=5$，$\alpha=0.05$，计算得$\bar{x}=794.4$，$s=8.6179$.

假设检验 $H_0:\mu=800$；$H_1:\mu\neq 800$.

选择检验统计量 $T=\dfrac{\bar{X}-\mu_0}{\dfrac{S}{\sqrt{n}}}$，拒绝域：$|T|\geqslant t_{0.025}(4)=2.7764$，

而统计量的值 $|T_0|=\left|\dfrac{794.4-800}{\dfrac{8.6179}{\sqrt{5}}}\right|=1.4527<2.7764$，

则接受 H_0. 可以认为日产量的均值为800.

3. 解 提出假设 $H_0: \mu \geqslant 0.095$；$H_1: \mu < 0.095$.

选择检验统计量 $T = \dfrac{\bar{X} - \mu_0}{\dfrac{S}{\sqrt{n}}}$，

统计量的值 $T_0 = \dfrac{0.081 - 0.095}{\dfrac{0.025}{4.47}} = -2.5032 < t_{0.05}(19) = -1.7291$，

则拒绝 H_0，接受 H_1，可以认为调整后机器加工轴的平均椭圆度有明显降低.

4. 解 (1) $n = 25$，$\alpha = 0.05$，$\bar{x} = 1980$，$s^2 = 3600$.

查表得 $\chi^2_{1-\frac{\alpha}{2}}(n-1) = \chi^2_{0.975}(24) = 12.401$，$\chi^2_{\frac{\alpha}{2}}(n-1) = \chi^2_{0.025}(24) = 39.364$，

方差 σ^2 的置信区间 $\left(\dfrac{(n-1)S^2}{\chi^2_{\frac{\alpha}{2}}(n-1)}, \dfrac{(n-1)S^2}{\chi^2_{1-\frac{\alpha}{2}}(n-1)}\right)$，

得 $\left(\dfrac{24 \times 3600}{39.364}, \dfrac{24 \times 3600}{12.401}\right) \approx (2194.9, 6967.2)$.

(2) 提出假设 $H_0: \mu = 2000$；$H_1: \mu \neq 2000$.

选择检验统计量 $T = \dfrac{\bar{X} - 2000}{\dfrac{s}{\sqrt{n}}}$，拒绝域：$|T| > t_{0.025}(24)$，

统计量的值 $|T_0| = \left|\dfrac{1980 - 2000}{\dfrac{60}{\sqrt{25}}}\right| = 1.6667 < t_{0.025}(24) = 2.0639$，

则接受 H_0，可以认为在显著水平 $\alpha=0.05$ 条件下能认为这批灯泡的平均寿命为 2 000 h.

5. 解 $n = 7$，$\alpha = 0.05$，$\bar{x} = 4.36$，$s^2 = 0.0351$.

假设检验 $H_0: \sigma^2 = 0.112^2$；$H_1: \sigma^2 \neq 0.112^2$.

选择检验统计量 $\chi^2 = \dfrac{(n-1)S^2}{\sigma^2}$，

拒绝域：$\chi^2 \leqslant \chi^2_{1-\frac{\alpha}{2}}(n-1)$ 或 $\chi^2 \geqslant \chi^2_{\frac{\alpha}{2}}(n-1)$，

查表得 $\chi^2_{1-\frac{\alpha}{2}}(n-1) = \chi^2_{0.975}(6) = 1.237$，　$\chi^2_{\frac{\alpha}{2}}(n-1) = \chi^2_{0.025}(6) = 14.449$，

统计量的值 $\chi^2_0 = \dfrac{(n-1)s^2}{0.112^2} = \dfrac{6 \times 0.0351}{0.112^2} = 16.789 > 14.449$，

则拒绝 H_0，可以认为铁水含碳量的方差有明显的提高.

6. 解 (1) 假设检验 $H_0: \mu = 500$；$H_1: \mu \neq 500$.

选择检验统计量 $T = \dfrac{\bar{X} - \mu_0}{\dfrac{S}{\sqrt{n}}}$，拒绝域：$|T| > t_{0.025}(24)$，

统计量的值 $T_0 = \dfrac{502-500}{\dfrac{8}{\sqrt{25}}} = 1.25 < t_{0.025}(24) = 2.0639$,

则接受 H_0,可以认为在显著水平 $\alpha=0.05$ 条件下能认为 $\mu=500$.

7. 解 i. 假设检验 $H_0: \mu=7$; $H_1: \mu \neq 7$.

选择检验统计量 $Z = \dfrac{\bar{X}-\mu_0}{\dfrac{\sigma}{\sqrt{n}}} \sim N(0,1)$,拒绝域:$|Z| > z_{\frac{\alpha}{2}} = z_{0.25} = 1.96$,

统计量的值 $|Z_0| = \left|\dfrac{6.97-7}{\dfrac{\sqrt{0.03}}{\sqrt{10}}}\right| = 0.5477 < 1.96$,

则接受 H_0. 接受 H_1,可以认为铁水含碳量平均值为 7.

ii. 假设检验 $H_0: \sigma^2 = 0.03$; $H_1: \sigma^2 \neq 0.03$.

选择检验统计量 $\chi^2 = \dfrac{(n-1)S^2}{\sigma^2}$,

拒绝域:$\chi^2 \leqslant \chi^2_{1-\frac{\alpha}{2}}(n-1)$ 或 $\chi^2 \geqslant \chi^2_{\frac{\alpha}{2}}(n-1)$,

查表得 $\chi^2_{1-\frac{\alpha}{2}}(n-1) = \chi^2_{0.975}(9) = 2.7$, $\chi^2_{\frac{\alpha}{2}}(n-1) = \chi^2_{0.025}(9) = 19.023$,

统计量的值 $\chi^2_0 = \dfrac{9}{0.03} \times 0.0375 = 11.25$,由于 $2.7 < 11.25 < 19.023$,

则接受 H_0,认为铁水含碳量的方差为 0.03.

综合 i, ii,可以认为该炼铁厂生产正常.

8. 解 根据题意提出假设 $H_0: \mu = 100$; $H: \mu \neq 100$.

取统计量 $T = \dfrac{\bar{X}-100}{\dfrac{S}{\sqrt{n}}} \sim t(n-1)$,

由于 $|T_0| = \left|\dfrac{100.06-100}{\dfrac{0.18}{\sqrt{10}}}\right| = 1.05 < t_{\frac{\alpha}{2}}(n-1) = t_{0.025}(9) = 2.262$,

则接受 H_0,认为总体均值等于 100.

9. 解 提出假设 $H_0: \mu = 70$; $H_1: \mu \neq 70$,已知 $t_{0.025}(35) = 2.03$,

取统计量 $T = \dfrac{\bar{X}-\mu_0}{\dfrac{S}{\sqrt{n}}} \sim t(n-1)$,

统计值 $|T_0| = \left|\dfrac{66.5-70}{\dfrac{15}{\sqrt{36}}}\right| = 1.4 < t_{0.025}(35) = 2.03$,

则接受 H_0，可以认为全部试卷的总体的平均成绩为 70 分.

10. 解 提出假设 $H_0: \sigma^2 = \sigma_0^2 = 0.02^2$；$H_1: \sigma^2 \neq 0.02^2$.

取统计量 $\chi^2 = \dfrac{\sum\limits_{i=1}^{n}(X_i - \bar{X})}{\sigma_0^2} \sim \chi^2(n-1)$， $\chi_0^2 = \dfrac{19 \times 0.025^2}{0.02^2} = 29.688$，

查表得

$$\chi^2_{1-\frac{\alpha}{2}}(19) = \chi^2_{0.975}(19) = 8.907,$$
$$\chi^2_{\frac{\alpha}{2}}(19) = \chi^2_{0.025}(19) = 32.852,$$

可见 $\chi^2_{1-\frac{\alpha}{2}}(19) < \chi_0^2 < \chi^2_{\frac{\alpha}{2}}(19)$，故接受 H_0，可以认为该批轴的椭圆度与规定无显著区别.

11. 解 提出假设 $H_0: \sigma^2 = 7.5^2$；$H_1: \sigma^2 \neq 7.5^2$. 已知 $n = 25$，$s^2 = 6.5^2$，

选取统计量 $\chi^2 = \dfrac{(n-1)S^2}{\sigma^2}$，由样本算得 $\chi_0^2 = \dfrac{24 \times 6.5^2}{7.5^2} = 18.03$，

查表得 $\chi^2_{\frac{\alpha}{2}}(24) = 45.6$，$\chi^2_{1-\frac{\alpha}{2}}(24) = 9.89$，可见 $\chi^2_{1-\frac{\alpha}{2}}(24) < \chi_0^2 < \chi^2_{\frac{\alpha}{2}}(24)$，则产品质量的方差无显著变化.

12. 解 假设 $H_0: \mu = 1.23$；$H_1: \mu \neq 1.23$.

当 H_0 为真，检验统计量 $T = \dfrac{\bar{X} - \mu_0}{\dfrac{S}{\sqrt{n}}} \sim t(n-1)$， $t_{\frac{\alpha}{2}}(n-1) = t_{0.025}(4) = 2.7764$，

拒绝域 $W = (-\infty, -2.7764] \cup [2.7764, +\infty)$，

$\bar{x} = 1.228$，$s^2 = 0.00047$，$T_0 = -0.2063 \notin W$，接受 H_0.